对话气象

四川气象科普解说词

（2018—2021年）

四川省气象局
四川省气象学会 编

U0247908

气象出版社
China Meteorological Press

图书在版编目（CIP）数据

对话气象 : 四川气象科普解说词 : 2018—2021年 / 四川省气象局, 四川省气象学会编. -- 北京 : 气象出版社, 2021.11
ISBN 978-7-5029-7597-5

Ⅰ. ①对… Ⅱ. ①四… ②四… Ⅲ. ①气象学－普及读物 Ⅳ. ①P4-49

中国版本图书馆CIP数据核字(2021)第237812号

对话气象　四川气象科普解说词（2018—2021 年）
DUIHUA QIXIANG　SICHUAN QIXIANG KEPU JIESHUOCI (2018—2021 NIAN)

四川省气象局　四川省气象学会　编

出版发行：气象出版社
地　　址：北京市海淀区中关村南大街 46 号　　　邮政编码：100081
电　　话：010-68407112（总编室）　 010-68408042（发行部）
网　　址：http://www.qxcbs.com　　　**E-mail**：qxcbs@cma.gov.cn
责任编辑：王　聪　蔺学东　　　　　　　**终　审**：吴晓鹏
责任校对：张硕杰　　　　　　　　　　　**责任技编**：赵相宁
封面设计：楠竹文化
印　　刷：北京地大彩印有限公司
开　　本：710 mm×1000 mm　1/16　　　印　张：20.5
字　　数：290 千字
版　　次：2021 年 11 月第 1 版　　　　　印　次：2021 年 11 月第 1 次印刷
定　　价：90.00 元

《对话气象　四川气象科普解说词（2018—2021 年）》

编委会

主　任：杨卫东

副主任：詹万志　王西波　吴　刚　谢　娜

委　员：周雪惠　郭　洁　邬　亮　王玉萍
　　　　金　晶

编写组

主　编：郭　洁　赵清扬

副主编：王　悦　蒲秀姝　李亚玲

成　员：周　雯　淡　嘉　梁　津　孙豪杰
　　　　陈洁默　潘　媞　程　亮　陈　晋
　　　　袁　梦　刘建国　宋雯雯　刘自牧
　　　　曾　科　程卫疆　徐　宓　王毅夫

序

习近平总书记在 2016 年召开的"科技三会"① 上明确指出，科技创新、科学普及是实现创新发展的两翼，要把科学普及放在与科技创新同等重要的位置。这充分肯定了做好科普工作、提高全民素质的重要意义和巨大作用。

气象事业是科技型、基础性社会公益事业，气象工作关系生命安全、生产发展、生活富裕、生态良好，气象服务已渗透进人民生活的方方面面。为广泛普及气象知识、提高公民气象防灾减灾意识，四川省气象局和四川省气象学会以全省气象科普讲解大赛为载体，将科技创新与科学普及紧密结合，实现多部门合力打造气象科普盛宴。目前，该活动已连续举办四届，全省气象工作者、高校学生和爱好者通过对气象科技的深度揭秘和气象知识的生动阐释，带给公众更多科学视角，也因此形成一批兼具吸引力、感染力的科普精品。

我们将 2018 年至 2021 年"四川省气象科普讲解大赛"的解说词选编成册。全书分为气候变化、天气预报、大气探测、气象为农服务、人工影响天气等部分。在科普气象常识的基础上，包含许多气象科研成果展示和热点气象话题回应，尤其涉及诸如西南涡、华西秋雨、地质灾害、森林

---

① "科技三会"指的是全国科技创新大会、两院院士大会、中国科协第九次全国代表大会。

（草原）火灾等地域性特征显著的科普内容，力求集科学性、趣味性、实用性于一体，满足不同年龄层次受众的需求。

希望本书能进一步增强公众应用气象信息的能力，提升气象防灾减灾的科学素质，为维护人民群众的安全福祉尽绵薄之力。同时，期待本书能成为科普讲解爱好者交流学习的优秀范本、科普基地和中小学校开展科学教育的基础资源。

礼赞百年路，谱写新征程。我们相信，以社会需求为导向，以科普"软着陆"为目标，在公众喜闻乐见的体验中，能实现气象科学走出"象牙塔"，"飞入"寻常百姓家，利于筑牢气象防灾减灾第一道防线，充分释放气象事业发展的蓬勃生命力，为社会发展做出新的贡献。

四川省气象局局长 杨甲东

2021 年 8 月

前　言

随着经济社会的发展，各方面对气象服务的要求越来越高。防御和减轻气象灾害，适应和减缓气候变化，开发和利用气候资源，这些都离不开高质量的气象服务。在新中国气象事业70周年之际，习近平总书记做出重要指示，指出气象工作关系生命安全、生产发展、生活富裕、生态良好，做好气象工作意义重大、责任重大。

站在新的历史起点，面对人民生产生活日益增长的新需求，面对全球气候变化导致极端天气气候事件增多增强的复杂局面，通过气象知识的社会化普及，提高公众气象防灾减灾意识，让其获得更充分的防灾减灾技能，对于保障社会安定和健康发展具有重要意义。

近年来，四川省气象局以全省气象科普讲解大赛为抓手，吸引了来自气象部门、空管局、高校的气象工作者和爱好者积极参与，传播主体多元，传播内容由"解释气象是什么"变成"气象与公众之间建立对话关系"，有深度、"有温度"，上通"天机"而下接"地气"。如何实现比赛成果在更广范围得到传播，将赛场集中式"硬核"科普转变成日常分散式渗透化科普，我们便有了汇编选手优秀作品出版的想法。

编写组承蒙四川省气象局领导的鼎力支持和参赛选手的积极响应，在此，深表谢意。我们共收到科普讲解稿件150余篇，经反复甄别，共筛选出132篇收录成册。这些作品主题突出、立意新颖、特色鲜明，可观可赏、可琢可磨、可品可鉴。

本书按照气候与气候变化、气象防灾减灾、气象服务、天气监测预报的思路，将132篇作品划分为4个类别。在气候与气候变化部分，既有对热岛效应、华西秋雨、巴山夜雨等常见气候现象的生动阐释，也有"达古冰川的前世今生""成都，一座有'气'没处撒的城市""为攀枝花的'热'正名"等文章对鲜为人知的气候秘密进行深刻揭示；在气象防灾减灾部分，从成因、形成过程、防范措施等方面，重点介绍了雷暴、冰雹、雾、霾、龙卷风灾害性天气。在此部分，还特别加入了"山区猛兽——'宙潴龙'""拖泥带水的毁灭者""普罗米修斯的火种""凉山之火何其猖"等文章，分析了四川境内易发生的森林、草原火灾和山洪、泥石流灾害与气候之间千丝万缕的联系；在气象服务部分，读者可以看到闻名中外的"安岳柠檬""中江挂面""泸州老窖""清溪贡椒"等地方特产背后的气候密码，以及生长过程中无处不在的气象服务。"峨眉宝光""秘境寻踪——奇幻的西岭山脊""阳光西昌约会蓝花楹"等文章，带领我们足不出户便欣赏到众多为之称叹的天象奇观和物候景观；在天气监测预报部分，从"天气无间道""'私人订制'天气直播间"等文章，可以了解到预报的制作流程。不仅如此，"中华金乌"测风仪、"超级千里眼"天气雷达等处在一线搜集风雨信息的"哨兵"也一一亮相。编写组力求让科普内容"走新"更"走心"，最大限度地在公众心中落地、扎根，培育社会对气象事业更多的共鸣和共情，也期盼读者能通过阅读此书感受到气象的万千变化和强大魅力！

在这里，编写组特别向提供这些优秀作品的全省气象科普讲解大赛选手和评委老师致以诚挚的敬意和衷心的感谢。在过去的四届赛事中，选手和评委们将气象知识与文化内涵、现实生活有机结合，用通俗的语言、标准的实验精彩演绎气象科学，打造了一场场科普盛宴。细数那些璀璨夺目的比赛瞬间，我们的眼前闪现出一组组选手群像：四川省气象探测数据中心的李雪松，连续4年参赛，逐渐形成幽默风趣而活力四射的个人风格；德阳市气象局的罗倩，见证了赛事的发展，我们从中也看到了她的成长——从一名优秀的成都信息工程大学学生成为一位成熟的一线气象工作者；宜宾市气象局的郭银尧，一个擅长剪辑、拍摄、讲解的预报员，用扎实的专业知识讲述身边的气候故事……他们专业本领过硬、极具创新精神，在科普讲解的舞台上展现了气象风采、传递了气象精神，而这些都离不开评委老师的谆谆教诲。正是有成都信息工程大学的李国平、敬枫蓉和华维教授，四川省科普作家协会董仁威理事长，中国科学院成都山地灾害与环境研究所张文敬研究员，著名作家王文华，四川省气象局原副局长马力等评委老师的精心指导、悉心关怀，激发了赛事潜能，促进了大赛发展。

选编成书的目的主要是供科普讲解的同行们互相学习、互相交流，同时也为各级各类气象科普教育基地提供科普讲解素材；此外，也为中小学自然研学教育提供丰富的教学资源。但受技术限制，未能将文稿与之相对应选手现场讲解的音频、视频、动画等数据信息链接起来，形成一种协调、整合形态，带给读者全方位、立体化的感知氛围，非常遗憾。这也是编写组后期修订和再版需要努力的方向。

本书主要是在中国气象局"四川省山洪地质灾害防治气象保障工程2021年预报预警与风险评估系统建设——宣传科普业务支撑建设"专项的资助下完成的，得到了中国气象局气象宣传和科普中心的大力支持。同时，感谢成都信息工程大学、中国民航西南地区空中交通管理局、四川省低空空域协同运行中心、中国民航飞行学院、中国人民解放军78127部队等单位的支持。感谢中国气象学会和气象出版社同仁的大力相助。

由于编写组水平有限，加之时间仓促，本书或存有疏漏和不足之处，敬请广大读者批评指正，提出宝贵的意见和建议。

编写组

2021 年 8 月

目 录

沐川了情岩云海 ｜ 曾凌　摄影 ｜

第一篇

气候与气候变化

• 气候变化 • 节气与气候 • 四川气候特点

气候变化

☀ 地球"大棚"

宜宾市气象局　郭银尧　张家兴　祁永燕

关键词导读：真菌　病毒　全球变暖

考大家一个问题，世界上最大的生物是什么？大象？蓝鲸？都不是，答案可能会让你"惊掉下巴"，是我手里面的小蘑菇。在国外森林里发现了一个蘑菇，它的菌丝占地面积 10 平方千米，有 1400 个足球场那么大，而我们平时吃到的部分，仅仅是它露在外面的子实体，相当于我们身上的汗毛。

2020 年以来，新冠病毒肆虐全球，给人类社会带来了巨大的冲击，目前已造成全球 330 多万人死亡。

2021 年是一个极端气候事件频发的年份。截至目前，多国出现罕见的暴风雪，我国出现南方干旱、北方沙尘暴的极端天气，英国气象局预测，虽然拉尼娜对全球气温有抑制作用，但 2021 年仍然有可能是史上最热的一年，全球变暖的趋势仿佛一点也没有减缓。

听到这里大家可能会有疑惑，为什么要说几件毫不相关的事情？真的不相关吗？现在我们就来串联一下，体会一下不一样的全球变暖，可能会让你"细思极恐"。

我们知道，自然界有 3 种真核生物：动物、植物、真菌。人类之所以能够走到今天，很大程度上是因为我们是恒温动物，在森林里吸一口气，就能吸入上百种真菌孢子，而 37 ℃的恒定体温让我们能够抵抗自然界绝

大多数的真菌。一直以来真菌都是人类特殊的"盟友",可以提供蘑菇,还能生产抵抗细菌的青霉素。但如果它变成敌人了呢?

这不是耸人听闻,2001 年,加拿大西海岸就爆发了加特隐球菌感染,死亡率为 10%,跟非典差不多,它已经存在了上亿年,在此之前,我们从不知道有这种生物,而全球气温的升高,让它复苏了。不同的是,治愈真菌比治愈病毒和细菌要难得多。更为可怕的是,它们还能制造不能人工合成的复杂化合物,疫苗和药品的研制难度可想而知。

我们可以试想一下这样的场景:当我们把地球变得更温暖,就好像建造一个农业大棚一样,无数未曾见过却一直存在的细菌、病毒、真菌适应了温暖的环境,统统复苏起来,而在这场生物盛会当中,我们的进化速度远远比不上它们变异的节奏,人类也已经来不及挨个研制疫苗了。我们当不了"农夫",很可能,只是"肥料"。

2020 年 9 月,习近平总书记在第七十五届联合国大会一般性辩论上宣布,我国力争于 2030 年前二氧化碳排放达到峰值的目标与努力争取于 2060 年前实现碳中和的愿景。2021 年 4 月 22 日,领导人气候峰会上,习近平总书记更是提出共同构建人与自然生命共同体的理念。从疟疾到黑死病,从登革热到 SARS,无数微生物疾病因为气候变化威胁人类,而新冠病毒,也再次提醒我们,不积极应对气候变化,人类将在自己亲手搭建的地球"大棚"中,被细菌、病毒、真菌变成肥料和烂泥。

地球在"发烧"

四川省气候中心　孙蕊
关键词导读：气候变暖　二氧化碳浓度

你了解气候吗？你知道天气和气候之间的差别吗？天气就像是说你现在正穿着什么，而气候则像是说你的衣柜里有什么。

近年来，我们对各地公众进行了"气候变化"问题的调查统计。调查统计发现，位列第一的词是"热"，其次是"全球气候变暖"。可见公众对于近年来"气候变化"一词，在身体上也已经有了较为明显的感知。

气候变暖了！的确，"气候变化"正是以气候变暖为主要特征的。

通过我们的实际观测，全球气温正在波动上升。全球变暖的总趋势，并没有因为某个地区、某个时段的气温短时下降而改变。就好比，全国人

| 泸州市合江县石顶山云海 | 注：书中未署名图片均由四川省气象服务中心提供。

民人均收入正在稳步增加，但你的收入就不一定了吧……

同时还可以看到，随着全球气温一起同步上升的，还有大气中二氧化碳的浓度。这就引出了目前全球气候变暖的原因：除了自然因素外，更多的则是由于人为活动因素造成的，其中二氧化碳等温室气体排放量增加是主要元凶。

我国新疆天山河源 1 号冰川在小冰期，冰川退缩并不是太显著。但是从 1962 年开始，该区域冰川面积大幅缩小，速度很快。到 1994 年的时候，两侧冰川已经完全断开！ 2016 年 8 月只剩山顶部分冰川，山顶以下已经完全裸露。冰川退缩速度之快，让人触目惊心！

而这，仅仅是气候变暖带来一系列影响的一个小小的缩影而已，其未来带来的一系列的"蝴蝶效应"式连锁反应，会让我们脊背发凉。这些触目惊心的画面，让人脑海中不由自主地窜出"补救"的念头来。

我们认识到问题的严重性，但同时也应该要认识到问题的紧迫性！如同人生病发烧一样，给地球"退烧"也并非一朝一夕就能做到，"药效"起作用也需要缓冲时间。而未来决定地球"发烧"的程度，则主要取决于我们如何控制大气中排放的二氧化碳等温室气体的总量。

距今 6000 年前，地球第一个人类部落建立，当时的二氧化碳量刻度仅 270 ppm*。经过 5800 年，秒针跨过一大半，来到蒸汽机时代，二氧化碳量也才仅仅增加了 20 ppm。

而仅仅经过 200 年，二氧化碳量就一下子增加了 80 ppm。不仅如此，根据联合国政府间气候变化专门委员会（IPCC）预估，到了 21 世纪末，二氧化碳量将达到 800 ppm，增加 430 ppm！

控制二氧化碳排放量已经刻不容缓！从全球层面，需要各国决策者制定一系列战略决策来支撑这项保护行动，如国际《巴黎协定》、国内生态文明建设以及产业升级控制碳排放等。作为个人，我们可以从生活方式和消费模式等方面做起，低碳饮食、低碳居住、低碳出行，并适度消费、杜绝浪费，为减缓气候变化贡献自己的一份力量！

---

* 1 ppm=10^{-6}，下同。

☀ 城市"大蒸笼"

遂宁市气象局　张明

关键词导读：热岛效应　环保

依稀记得小时候郊区的夏夜，有风，风中夹杂的令人陶醉的青草香不断抚摸着我的鼻端……想必在座的各位都有这样的经验：郊区往往比城区凉快。

为什么城市会比郊外热呢？其实，这种现象，叫作"城市热岛效应"。所谓城市热岛效应，也就是指同一时间城区气温普遍高于周围郊区气温的现象。

也许此时有人会问，为什么会把城市比作"岛"呢？其实，之所以把城市比作岛屿，究其原因还是在于一个"热"字。我们把郊区的气温低值区想象成是大海，而城区的气温相对高值区不就像是突出海面的岛屿吗？

如今，城市热岛效应已经变成城市生态问题中最严峻的问题之一。那么造成城市热岛效应的原因有哪些呢？首先，是受城市下垫面特性的影响。城市内大量的钢筋混凝土建筑物、柏油路面等，改变了下垫面的热力属性，它们比绿地、水面等自然下垫面升温快，因此其表面温度明显高于自然下垫面。有专家研究发现：同一时间，草坪温度在 30 ℃左右的时

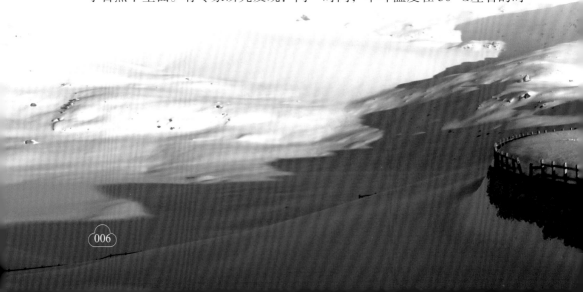

候，水泥地面温度可以达到 50 ℃，甚至 60～70 ℃，这些高温物体形成的巨大热源，烘烤着周围的空气，仿佛一口平底锅一样煎烤着城市里的每一个人。另一个主要原因是人工热源，工厂生产、交通运输以及居民生活都需要燃烧各种燃料，每天都在向外排放大量的热量，就像无数个火炉在燃烧，不停地加热空气。此外，人类生产、生活活动中产生的大量氮氧化物、二氧化碳、粉尘等，能够吸收环境中热辐射能量，产生温室效应。温室效应就像锅盖一样严严实实地"扣住"整座城市，这样我们居住的城市就摇身一变——由"煎锅"变成了"蒸笼"。

城市热岛效应带给人们的不仅仅是高温，还有其他诸多危害。有关研究表明，环境温度高于 28 ℃时，人们就会有不适感；气温持续高于 34 ℃，还可导致一系列疾病，特别是使心脏、脑血管和呼吸系统疾病的发病率上升。

既然如此，那么我们应该怎样应对城市热岛效应为人类带来的负面影响呢？城市建设方面，可以采取海绵城市建设、增加绿化、扩大水域面积等措施，能够有效降低热岛效应给我们带来的影响。近年来，党中央对环保问题高度重视，生态环境得到持续改善。而从我们个人来说，尽量减少人为的热能排放，树立环保意识，采取节能环保的生活方式也是我们每个人应尽的义务。

|达古冰川 4860 观景台|唐华祥 摄影|

热岛效应关系你我他

眉山市气象局　周洪源

关键词导读：热岛效应　保护生态

　　"园丁傍架摘黄瓜，村女沿篱采碧花。城市尚余三伏热，秋光先到野人家。"——这是我国南宋时期著名的文学家和诗人陆游的一首诗《秋怀》。这首诗不仅读来质朴脱俗，还隐藏着气候知识。特别是后两句十分有趣，说的是城市里还残留着三伏的暑气，乡野间却已经步入了秋的怀抱。同样

| 宜宾市气象站 |

的季节，为什么城市和乡村气温会有如此大的差别呢？其实是热岛效应造成的。

什么是热岛效应呢？就是说城市化进程中，使得城市中的空气温度明显高于郊区的现象。通过地面温度图可以看到，郊区气温曲线变化很小，但城区高温曲线就像是突出海面的岛屿，因此形象地称其为城市热岛效应。热岛效应往往随着城市化进程的加快而加强。同时，城市气温逐渐升高，加大了城市和乡村之间的气温差。

如今，城市热岛效应已经变成了生态环境问题中最严峻的问题之一。那么究其原因有哪些呢？

最主要的原因是受城市下垫面特性的影响。城市中大量的钢筋混凝土吸热快而比热容小，改变了下垫面的热力属性。加之绿地、水体不断减少，缓解热岛效应的能力就被削弱了许多。也就是说，在相同的太阳辐射条件下，城市下垫面比绿地、水面等自然下垫面升温快，吸热多，散失热量较慢，因而地表温度明显偏高。当然，城市中的大气污染也是一个重要原因。城市中的机动车、工业生产以及居民生活，产生了大量的排放物，即大气污染物。它们浓度大，气溶胶微粒多，会吸收下垫面热辐射，在一定程度上起了保温作用，产生温室效应，进而引起大气升温。另一个主要原因是人工热源的影响。工厂生产、交通运输以及居民生活都需要燃烧各种燃料，每天都在排放大量的热量。

热岛效应对日常生活有影响吗？你可不要小瞧它，影响大着呢！夏季，高温加剧了城市热岛效应。降温需求成倍增加，制冷电器消耗加剧，造成短时间能源供应困难、自然资源大量浪费是常有的事儿。既然如此，我们该如何做呢？在城市规划中，铺装城市道路、广场等公共场所下垫面，尽可能选择生态环保材料；多种形式考虑环境绿化；建设城市湿地或人工湖等措施。在我们的日常生活中，倡导节能、低碳、环保的生活方式。最后，请大家和我一起行动起来，共同努力降低城市热岛效应，保护我们的生态环境！

暖冬年，冬天就不会冷了吗?

德阳市气象局　罗倩

关键词导读：暖冬　气候变化

一直以来，阴晴冷暖都是人们茶余饭后讨论的话题。如今，在全球气候变暖背景下，天气、气候问题逐渐成为公众、媒体甚至国际事务中的一个热门话题。暖冬的频繁出现也让人们不禁疑惑，不是越来越暖了吗，为何还这么冷？我们随便点击几个网站就能检索到成千上万条关于暖冬的文章和报道。这里面既有因误信暖冬说法而未采取防护措施，出现万尾金鱼变"冻鱼"、露地栽培蔬菜成"冻菜"，也有"暖冬打乱鳄鱼冬眠节奏"之类的报道。究竟什么是暖冬呢？

其实，暖冬这一名词，以往气象学上并没有定义，是近些年随着气候变暖而产生的新的气象名词。根据国际气象组织的规定，当某年某一区域整个冬季的平均气温高于常年值 0.5 ℃时，称该年该区域为暖冬。

举个例子，刚刚过去的 2019/2020 年冬季，我国平均气温为 −2.25 ℃，较常年同期偏高 1.09 ℃，所以我们说 2019/2020 年我国为暖冬年。可是，2020 年 2 月 13 日至 16 日，我国大部分地区自北向南出现 3 次 8～12 ℃降温天气过程。说到这儿，大家内心是不是有个疑问？暖冬年就应该不冷了啊，其实这是公众的一个误区。当最高气温从 20 ℃降到 10 ℃和从 10 ℃降到 0 ℃，人体冷的感觉都是很明显的。通常人们对这种极端事件记忆尤为深刻，记住平均气温却不那么容易，但不能因此就说这个冬天是冷冬。短期的气温高低只是"小插曲"，整个冬季的平均冷暖情况才是"主旋律"。所以说，暖冬里也能出现"大雪纷飞"的寒冷，冷冬里也可以感受到"如春天般"的温暖。

那么暖冬会对我们的生产生活带来哪些影响呢？好的方面比如由于暖冬的气温比常年略有偏高，所以供暖时有利于节约能源。第一场雨雪降临

时，雪花到达地面不易形成积雪，为交通出行和户外作业提供便利。但更多的是不利影响：极地冰原融化，海平面上升，淹没较低洼的沿海陆地并造成全球气候变迁，导致不正常暴雨、干旱以及沙漠化区域扩大。气温偏高会导致各种病菌病毒异常活跃，害虫也不会因寒冷而被冻死，农作物病虫灾害频发，森林冬季防火形势也将更加严峻。其实作为普通百姓，平均气温比常年高了 0.5 ℃还是低了 0.5 ℃，这是感觉不出来的，但如果我告诉你这些气候变化对生态体系、水土资源、人类活动与生命安全造成多大伤害时，你是否会对大自然敲响的"警钟"多一点关注呢？保护植被和减少二氧化碳排放，采取防患于未然的必要措施，将气候变暖所引发的种种危害减小到最低限度。

而我与千千万万气象人将从公众的需求出发，认真地开展气候应用服务工作，真正把气候资源转化为生产力。

| 光雾山景区 | 巴中市气象局　供图 |

☀ 达古冰川的前世今生

阿坝藏族羌族自治州气象局　曾晓东　银措杰　张雷

关键词导读：冰川消融　全球变暖

　　朋友们，你们知道离中心城市最近的冰川在哪里吗？没错，答案就是达古冰川。达古冰川位于阿坝藏族羌族自治州黑水县，离成都280千米，是最具审美价值、最具旅游价值的海洋性冰川。关于达古冰川，在当地流传着一个古老的传说。相传，在远古时候，有3个美丽善良的藏族姑娘，为了除去村庄水源的诅咒，毅然化作3条彩虹飞向雪山之巅，变成了3座美丽的冰川。

　　走进远古、探古溯源。研究表明，达古冰川形成于400余万年前，是研究青藏高原第四纪冰期以来冰川的演化变迁、第四纪古地理气候环境变迁最为重要的场所。1992年，一些科学家通过卫星发现了达古冰川，于是就到黑水进行考察发现，达古冰川是全球海拔最低、年纪最轻、离中心城市最近的冰川。著名作家阿来称之为"最近的遥远"。

　　什么是冰川？按老百姓的说法，冰川叫万年雪。实际上，冰川是由多年积雪演变而成、在较长的时间内储存于地球寒冷地区的天然冰体，它具有一定形状并且是在运动着的。

　　据调查，达古雪山发育、分布着现代山地冰川13条，面积6.04平方

千米。最近，有科学家对其中面积在 0.07～1.75 平方千米的 6 条冰川进行了研究，发现近 50 年，6 条冰川不断消融，面积减少了 5.1 平方千米，平均每年减少 0.12 平方千米，冰川末端海拔上升了 313 米。这样下去，再过 50 年，达古冰川将不复存在。

冰川为什么会消融？全球变暖是最主要的原因。我们来看一组数据：60 年来，四川省每 10 年升温 0.17 ℃，川西高原升温更高，每 10 年升高 0.23 ℃，年降水量每 10 年增加 10.4 毫米。大家可能会有疑问，温度在升高，但是年降水量也在增加，为什么冰川的消融速度还是这么快呢？科学研究表明，年降水量的增加引起的冰川物质的积累，不足以抵消气温升高所引起的冰川物质的亏损。

那么，人类该如何守护冰川呢？

2019 年，气象专家在海拔 4860 米的达古冰川观景台建立了气象监测站，便于精密监测达古冰川的环境气象要素，用于深入研究冰川与气候之间的关系。2020 年，中国科学院冰冻圈科学国家重点实验室在达古冰川进行了一场重要的科学试验——应用地球工程学方法给达古冰川"盖被子"，以减缓冰川消融。

我们期望，也相信，人类科学应对气候变化后，冰川不会轻易从地球消失。

圣地冰川、净土阿坝欢迎您。

| 阿坝藏族羌族自治州黑水县三奥雪山云海 |

☀ 恐龙灭绝与气候变化

自贡市气象局　袁立新
关键词导读：恐龙灭绝　气候变化

地球自诞生以来，经历了40多亿年的历史。在这段漫长的演化过程中，曾经有1亿多年时间地球被一个庞然大物"兽族"所统治，这就是人们所熟知的恐龙类。

在侏罗纪时代，气候温暖，植物茂盛，这为恐龙发展提供了优越条件，恐龙逐渐成为陆地上的霸主，种类也多达200余种。在这个时期，各类恐龙都充分展示了自己的生态适应能力，可以说达到了"为所欲为、肆

| 牛角山云海 拍于自贡荣县 | 彭晓华 摄影 |

无忌惮"的地步。例如，从四川出土的马门溪龙化石推测，其体长约 22 米，体重可达到 30～40 吨，脖子伸展后有 6 人高。

恐龙最早出现于中生代三叠纪晚期，繁盛于侏罗纪和白垩纪早期，衰亡、灭绝于白垩纪末期，到新生代时，恐龙已完全从地球上销声匿迹。这就是地史上著名的白垩纪物种大灭绝事件，也是地球历史发展中的一次重大事件。

那么，恐龙这一显赫于地球、经历了漫长岁月的庞然大物，为何在短短的一个时期内，突然遭遇了灭顶之灾而悄然离去、永不复返呢？这一千古之谜引起了科学家们的极大研究兴趣，于是众说纷纭，各抒己见，提出了许多有关恐龙灭绝的假说。其中堪称主流的学说包括陨石撞击说、气候变迁说、大陆漂移说、火山爆发说、造山运动说、被子植物中毒说、物种竞争说、海洋退潮说、地磁变化说、物种老化说、温血动物说、平行世界说等十几种。在这诸多的原因之中，气候变迁的因素似乎更令人信服。

科学家认为，恐龙灭绝的原因在于地球自身气候的变化。研究发现，在距今 6500 万年前，一颗直径达到 10 千米，体积相当于一座中等城市般大小的小行星从天而降，它在地球上撞出一个巨大的深坑并释放出巨大的能量。美国科学家认为这次撞击使全球的气候发生了根本性的改变。撞击之后，地球上产生了铺天盖地的灰尘，极地冰雪融化，植物毁灭。火山灰遮掩了太阳的光芒，气温骤降、大雨滂沱、山洪暴发、泥石流将恐龙卷走并埋葬起来。在以后的数月乃至数年里，天空依然尘烟翻滚、乌云密布，地球因终年不见阳光而气候变冷。随着降水的减少，陆地植物大量枯死，从而导致连锁性的食物灭绝。而温度从暖变冷是对所有物种的考验，适应者生存，不适应者淘汰。恐龙是冷血动物，身上没有毛发或保暖器官，无法适应地球气温的下降，只好一步步走向灭亡，直至从地球上彻底消失。

尽管恐龙灭绝的原因众说纷纭、莫衷一是，但有一点是肯定的，那就是环境巨变影响到恐龙的生存，换句话说，就是极度恶化的环境埋葬了恐龙。前车之辙，后车之鉴。保护环境，就是保护人类自己。我想，这就是跨越时空 6500 万年的恐龙化石留给人类的重要启示吧！

☀ 《长安十二时辰》的始作俑者

资阳市气象局　陈杨楠　杨雯　陈海燕
关键词导读：小冰期　气候变化

不知道大家有没有看过一部热播的电视剧《长安十二时辰》：剧中"不良帅"张小敬，在十二个时辰之内，缉拿可疑人员，化解了一场恐怖袭击。故事虽是虚构，但其中的历史、人物背景却是真实的。在这里想跟大家聊的是，在盛唐衰落的背后，都有着气候变化这一始作俑者在推波助澜。

故事发生在唐玄宗天宝三年（744年），安史之乱前11年，唐朝的国运在唐玄宗时代由顶峰一路跌落。对于战争和动乱的发生，气候学家有着独特的看法。香港大学章典等研究人员发现：气候变冷会导致战争，迫使人口迁徙，会造成饥荒，甚至造成传染病大范围暴发。

在小冰期时期最寒冷的17世纪，全世界都发生过生态和社会的灾难。小冰期并不是冰期，它经历时间短，寒冷的程度低，随着全球气候变化研究的不断深入，认识到小冰期并非持续几个世纪的连续冷期，其内部还明显存在次级的冷暖波动，并具有一定的规律性。小冰期时的温度、降水变化表现出区域特征和时空差异，对当时社会文明、农业经济、王朝更替带来严重的影响。

那么唐朝是否遭遇了小冰期？"一骑红尘妃子笑，无人知是荔枝来。"可是就算是快马加鞭，从广东运输新鲜荔枝也是不现实的。同期有诗作"荔枝生巴峡间"，也就是说，中唐以前气候较温暖，四川也能出产荔枝。有趣的是，有人对《全唐诗》中的咏梅诗做了统计，发现以长安为背景的咏梅诗，其写作时间似乎以安史之乱为分水岭，之前的数量很多，之后的数量则急剧减少。"来日绮窗前，寒梅著花未？"梅花原产中国西南部，喜温暖湿润气候。在过去，北方很少有梅花。因此，咏梅诗的变化也反映

| 理塘姐妹湖 | 佘一坤　摄影 |

了关中地区气候由暖湿转干冷的特征。

　　值得注意的是，安史之乱正处于气候由暖转冷的转折期。而如今，正是气候变化的极端复杂性，才使科技飞速发展的今天更加迫切地希望了解整个地球环境的变化规律，从而形成了全球气候变化研究的巨大潮流。

　　将来，更加切合实际的气候模拟与具有高分辨率的长时间序列气候记录的紧密结合，将使我们更加深入认识气候变化的原因，这也是我们气象人的责任和使命！

☀ 如何让沙漠"开花"？

南充市气象局　王可　文川东　孙雷果
关键词导读：厄尔尼诺　气候变化

一个男子与爱人分别时说："除非你能让世界上最干燥的沙漠开花，否则我们不复相见。"然而他万万没想到沙漠里真的会花开遍地。2015年9月，世界最干旱的沙漠——阿塔卡马沙漠400年来第一次开花了。让寸草不生的阿塔卡马沙漠"死灰复燃"的竟然是大众眼中"灾难"的代名词——厄尔尼诺。

其实厄尔尼诺由来已久，最早在19世纪初被南美洲西海岸的秘鲁渔民发现：每隔几年，赤道中东太平洋的表层海温会异常升高，平时能捕到的鱼都消失了。不仅如此，整个天气都发生了巨变。这种现象一般都发生在圣诞节前后，所以秘鲁渔民称之为El Nino（厄尔尼诺），意为圣婴。

经过近百年的研究探索，科学家终于揭开了厄尔尼诺的神秘面纱。它属于自然现象，是海洋和大气协同作用的产物，全球每2～7年出现一次。通常情况下，赤道太平洋东西海岸的海温是西高东低，西海岸形成上升气流，东海岸为下沉气流，而洋面上的气流自东向西流动，由此便形成顺时针的环流。

而厄尔尼诺发生时，赤道中东太平洋的海温异常升高，此时，东海岸上空变为上升气流，西海岸变为下沉气流，而洋面上的气流自西向东流动，由此便形成逆时针的环流，造成低气压和强降雨的移动。

其实简单来讲，就像人感冒时会发烧打喷嚏，厄尔尼诺就是赤道中东太平洋海域阶段性的"发烧"症状，它需要通过海洋与大气间进行能量交换，以改变大气环流和温度分布，这个"治疗"过程必然会造成一定程度的气候异常。从北半球到南半球，从非洲到拉美，该凉爽的地方骄阳似火，温暖如春的地方突然下起大雪，雨季到来却迟迟滴雨不下……这就是

厄尔尼诺给我们最直观的感受。

那么，我们有没有办法提前"把脉问诊"呢？

科学家运用浮标、飞机、卫星等设备，测量温度、洋流、盐度的微小变化，监测风向、温度、压强，跟踪海洋的热量运动变化等，将收集来的海量数据与科学模型相融合，早发现，早应对。比如 2019 年入冬至今，我国南方地区出现罕见的持续阴雨天气，就是一次厄尔尼诺事件。而早在 2018 年夏天，国家气候中心就已经做出了预测。

暴雨洪水、干旱少雨，厄尔尼诺就像一个幕后的推手，导演了一场又一场极端气候事件的发生发展，但是人类也没有止步不前，无论是来自外太空的监测，还是源于海洋深处的探究，都是人类研究大自然做出的努力。虽然现在我们还无力改变气候变化带来的自然灾害，但一代又一代气象人正在运用他们的科学智慧努力使灾害带来的伤害变得更小一些，再小一点……相信不久的将来，人与自然和谐共生终将不是梦！

| 大彩林黑水羊茸哈德 | 袁颖春　摄影 |

| 茶山初晴　2019 年 8 月 31 日拍于牛碾坪 | 刘晓冀　摄影 |

☀ 餐桌浪费的"蝴蝶效应"

眉山市气象局　孟小力

关键词导读：生态系统　全球变暖

你知道吗，全球每年有 1/3 的食物被损耗和浪费。"谁知盘中餐，粒粒皆辛苦。"是的，除了来之不易，还有不少食物是通过侵占森林换来的。餐桌浪费，这个不经意间的举动背后，会带来怎样的"蝴蝶效应"呢？让我们一起来寻找答案。

我们现在看到的这些绿色区域，全都覆盖着森林，它们占据了 30% 以上的陆地表面，而这些逐渐蔓延扩大的红色区域（图略），则是过去 20 年，人类消灭掉的森林。森林是资源，也是经济来源。由于人们对食物的

需求和损耗日益增长，于是一些国家把目光投向了原始森林。他们要开辟牧场。

在亚马孙雨林，拥有世界最大的原始森林，自然条件优渥，被誉为"地球之肺"。当地人为了养牛和种植大豆，早在 20 世纪 70 年代开始，就在亚马孙雨林大举修建公路，人口涌入、伐木拓荒，只为了快速把森林变为牧场和大豆田。因为推倒一片森林比改善不良农业用地，无论在经济成本还是在时间成本上都要划算得多。

然而在换来财富的同时，对森林的毁坏是不可逆的。拓荒出来的牧场，只够使用 5 年的时间，随后土壤退化，寸草不生。于是再次把森林推倒，开辟新的牧场，周而复始。

修路、养牛、种植大豆，10 年的时间，就让亚马孙雨林以每年 3 个广州市那么大的面积迅速消失。按照这个速度，预计到 2030 年，亚马孙雨林将会消失 1/4。

今天的森林生态系统，是大自然经过 8000 年的进化才逐渐形成的。原始森林在水流的过滤、涵养以及维持全球气候稳定上，发挥着不可替代的作用。大面积的天然原始森林储存着 4330 亿吨碳物质，按照目前全球二氧化碳的排放量计算，这比今后 69 年间燃烧化石燃料的总量还要多。一旦这些原始森林被毁，释放出的二氧化碳足以加速全球气候的恶化。

目前，我们所能感受到的最直观的变化就是地球变暖了。是的，北极的熊和南极的企鹅找不着家了，澳大利亚的山火也开始肆虐了，西伯利亚竟然热浪来袭，非洲的蝗虫更是来势汹汹。摆在眼前的不是一条条冰冷的新闻，而是隔着屏幕都能感受到的痛苦和绝望。

在人类频繁活动的今天，亚马孙的蝴蝶扇一下翅膀，未必会引发得克萨斯州的龙卷风，但人类停止森林拓荒，减少餐桌浪费，却实实在在保护了生态平衡，缓解了气候恶化。

一粥一饭，当思来之不易，要知道，世界上每 9 人中就有 1 人挨饿；每过 1 秒，就有半个足球场大的原始森林消失。我们真的浪费不起。

习近平总书记强调厉行节约，反对浪费。保护生态，让绿水青山常在。

☀ 春雨真的"贵如油"？

达州市气象局　周自如

关键词导读：春季气候　南北差异

"好雨知时节，当春乃发生。随风潜入夜，润物细无声。"或许，一场恰逢其时的好雨，就是恰好在这个万物生长、萌芽之时，不请自来、欣然而至吧。

但随着一场又一场的春雨如约而至，也开始让南方的朋友们犯了难，比如说我吧，就开始过上了洗衣服干不了，继续洗继续干不了的死循环……不是都说"春雨贵如油"吗？我看不是"贵如油"，而是"让人愁"。

其实，"春雨贵如油"的这个说法和季节有关，因为春季是紧跟着秋、冬两季，而秋季和冬季都是两个降水较少的季节，把它们俩凑一块，就很容易造成冬春连旱，对于西北、华北的春季来说气温回升较快，有风的天气又是比较多，所以当阳光照射地面，又没有雨水及时的补给，很容易造成土壤水分流失。"贵如油"主要是指以华北为代表的北方地区的春雨，"炒雨一族"就这样把春雨的价格给"炒"上来了！

有朋友说到，我见过"炒房子""炒股票""炒黄金"的，还第一次听说"炒春雨"。其实这也不怪他们，因为这和越冬作物大量需要水有关。春季正是越冬作物返青的重要时期。全国大部分农区的春耕春播工作通常在2月下旬至5月上旬由南向北陆续展开。如果能有雨水降临，不仅能缓解旱情，还能够滋润农作物，自然就显得特别宝贵，因此，才会有"春雨贵如油"的说法。

另外，春季我国暖空气势力还不是很强，来自海洋的暖湿气流多在我国的华南、江南一带与冷空气交锋，为那里带来丰沛的雨水，所以"春雨贵如油"这一说法对南方就不太适用了。虽然南方的大春作物像水稻、玉米这些在春雨的滋润下那是"吃饱喝足各个长得白白胖胖"的，但这里在

渴望春雨滋润的同时又渴望阳光沐浴的果树可都是犯了难：再不来点阳光，它们的味道就能酸得让你一整年都难以忘怀！

南方的人们在想着怎么让春雨稍微"消停点"，相反，北方的人们则是"盼星星，盼月亮"，还得盼到7月，随着夏季风的增强，大量的暖湿气流到达华北一带，才能为西北、华北带来雨季，所以北方降雨更显得珍贵，这也难怪他们把这个春雨的"价格""炒"得这么高！

所以春雨真的贵如油吗？我想，它是真的"贵如油"，但它并非处处"贵如油"。

| 天空下的三月 黄金甲一样的油菜花 | 王永江 摄影 |

☀ 衣食住行，气候说了算

达州市气象局　赵洪
关键词导读：地理位置　气候差异

大家好！今天我想和大家一起来说说我们日常生活当中一个非常常见的气象术语——气候。

"羌笛何须怨杨柳，春风不度玉门关。"为什么"春风不度玉门关"呢？因为根据我国季风区和非季风区分布，玉门关远离海洋，深居内陆，海洋上空的气流难以到达，降水稀少，气候干旱，因此杨柳难以生长。这反映出我国气候存在着地域性差异。我国有哪些气候类型呢？

根据我国地域的纬度差异，再考虑到海陆因素和海拔地形因素，我国的气候被划分为五种类型，分别是热带季风气候、亚热带季风气候、温带季风气候、温带大陆性气候以及高原山地气候，它们所代表的气候特点又各有不同。而气候特点的不同又会对我们的衣食住行有什么影响呢？

首先从各个地区的穿衣风格来看，属于高原山地气候的藏族地区，为了适应藏区日夜温差大的气候，藏民常常穿戴藏袍，冷时可保暖，热时可不穿袖子。而我国南方的少数民族地区为了适应热带地区高温烈日、潮湿多雨的气候，当地的传统服饰多以轻而薄的简约风格为主，其中最具美感的就是云南西双版纳傣族妇女的筒裙。

"一方水土，养一方人。"就拿饮食来说，地理环境和气候所决定的乡土物产是许多地方的饮食风味形成的先决条件，最为著名的当属"南米北面"了。南方春季多雨适合种稻，北方春季干旱适合种麦，这不仅决定了南方人爱吃米、北方人爱吃面的主食习惯，还延伸出了彰显各自特点的米文化和面文化。在我国西南地区由于天气阴湿，造就了"无辣不欢"的饮食习惯。

居住是人类的基本需要，而气候环境的不同也会造就各地的房屋风格

| 若尔盖草原 | 陈敏　摄影 |

迴异，比如南方地区气候温热，房屋大多屋顶倾斜，这有利于排水和通风。在北方的北京四合院，整个院落被房屋和墙垣包围，墙体和屋顶厚实，起到保温和防寒作用。在云南傣族地区，竹楼高悬地面，既通风干燥，又能防蛇、防野兽，楼板下还可堆放杂物，非常方便。再如我国民居大多坐北朝南，门窗朝南开放，这样不仅有利于阳光进入，而且夏季有东南风吹入，冬季可躲避寒风侵袭。

　　说到我国古代的交通工具，大家首先想到的一定是"南船北马"了。那是因为南方降水多，河网密布，因此船舶运输便应运而生，而北方降水稀少比较干旱，畜牧业发达，马匹自然就成了日常的交通工具。

　　多种多样的气候造就了环境迥异的生存空间，万物守护着与自然相处的默契，或许有一天，气候变化将会打破这一平衡，但愿人类不是始作俑者。

☼ "天生异象"如何引发蝗灾危机

中国气象局气象干部培训学院四川分院 朱漫 杜昌萍 袁晴雪
关键词导读：阿拉伯半岛气候变化 印度洋正偶极子

请大家与我一起来到 2019 年的肯尼亚：我们现在看到的是蝗虫过境时，疯狂啃噬粮食作物的场景，蝗灾让当地陷入了农作物绝产的危机。铺天盖地的蝗虫是否让你起了"鸡皮疙瘩"呢？我们舒缓一下，回到 2018 年，阿拉伯半岛天生异象，沙漠下起了暴雨，形成了一片片短暂性湖泊。

这些看似毫不相关的事件，有着怎样的关联呢？

通常情况下，阿拉伯半岛干旱少雨，但 2018 年却是不同寻常的一年，从阿拉伯海上来的强大气旋不断地侵袭这里，带来了超过常年五倍的降水。异常降水形成了沙漠湖泊，大地变得郁郁葱葱，蝗虫在这个充满食物的温柔乡里自由地繁殖，短短 9 个月，1 只蝗虫就可以繁衍到 8000 只。

时间继续。到了 2019 年，阿拉伯半岛的植物被啃噬殆尽，已经无法养活这么大一群吃得多、长得又快的蝗虫，满满的求生欲驱使蝗虫群顺着

气流朝南边和东北方向觅食，到达东非和西亚地区。东非原本也没有那么多的植被喂养这群蝗虫，但由于印度洋正偶极子的作用，曾经不常见的降水连续出现在这里，疯长的植物让蝗虫"吃饱喝足"了，繁殖了一波又一波。那么，这个印度洋正偶极子又是什么呢？它怎么就能带来如此多的降水呢？

印度洋正偶极子指印度洋西侧海温异常变暖的状态，这和我们熟知的厄尔尼诺现象类似。当印度洋处于正偶极子状态时，西侧海温升高，大气受热膨胀，垂直方向上产生暖而湿的上升气流；东侧海温低，大气受冷收缩，垂直方向上产生下沉气流；水平方向上产生气压差，大气由高压流向低压，在印度洋东、西两侧间形成顺时针环流，大量充满水分的冷空气随着环流来到印度洋西海岸上空，与暖湿气流交锋，使得对流加剧，气旋增多。

2018年以来，印度洋主要处于正偶极子状态，频繁生成的强烈气旋走到哪儿，哪儿就会有大量降水和植物。因此，2018年的阿拉伯半岛沙漠里就有了暴雨，成了蝗灾发源地，而2019年的西非和东亚也有了充沛的雨水，蝗虫蔓延，繁殖更多，继而发展为横跨亚、非两大洲的大蝗灾。

虽然沙漠蝗灾易发、难控，但随着科学技术的发展，我们可以应用气象卫星数据和卫星遥感定位等，实时掌握其发生情况和成灾风险。

我们相信，全球秉持着人类命运共同体的理念，团结起来，共同防治，沙漠蝗虫一定会在科学之网下无所遁形。

| 成都市龙泉驿区龙泉山云瀑 |

节气与气候

☀ 宜古宜今的气候预测法——二十四节气

凉山州气象局　张燕

关键词导读：不同节气　气候特征

"春雨惊春清谷天，夏满芒夏暑相连；秋处露秋寒霜降，冬雪雪冬小大寒。"这首诗歌描写的就是今天要讲的"主人公"——二十四节气。

据文献记载，"节气"这一名词早在商周时期就出现了，发展至秦汉时确立为二十四个节气，而它的名称则首见于西汉《淮南子·天文训》。公元前104年，由邓平等制定的《太初历》正式订于历法中，至今已沿用2000多年了。

| 成都市大邑县雾中山 |

　　其实，它不仅是一套天文历法体系，更是一种重要的气候预测方法，可谓"身兼数职、宜古宜今"。今天，我们就来聊一聊它在气候预测方面是如何发挥作用的。

　　说它宜古，首先是因为古代人民利用它定下的冬至和夏至、春分和秋分以及四季，概括了寒来暑往、春秋交替的大致时间。其次，古人还通过观察它的各个组成部分所对应时期前后的一些特征，总结出气候变化的规律，从而预知风霜雨雪、冷暖变化。

　　为了更好地把这些特征规律运用于日常生活和农业生产中，古人还为它创造出了许多用于描述和记录的俗谚语，以便记忆。譬如有"雨水无雨天要旱，清明无雨多吃面""重阳无雨立冬晴，立冬无雨一冬晴"之类的说法，都是它在古代气候预测方面运用的真实写照，且往往都具有较高的准确度。

　　说它宜今，则是因为它的各个组成部分和相关俗谚语不仅对古代人民的生产生活具有良好的指示作用，与现代气候的预测同样有十分紧密的联系。这里简单举一个例子。俗语说"一场春雨一场暖，一场秋雨一场寒"，意思是谷雨过后每下一场雨天气就变暖一点儿，而立秋过后每下一场雨天气就变冷一点儿。用现代气象学解释，就是说在春季，由于北半球太阳的照射逐渐增强，太平洋上的暖空气向西北伸展，在北方冷空气边界滑升时就产生降雨，在此过程中逐渐占领了原本是冷空气的"地盘"，造成气温上升。而当秋天来临时，冷空气从西伯利亚南下进入我国大部分地区，在逼退南方暖湿空气的过程中成云致雨，并成功挤走暖空气使温度降低。其实这也就是气象学上冷锋和暖锋对应的天气现象。类似的例子还有很多，且都表明一个事实——二十四节气在现代气候预测中依然具有不可小觑的作用。

　　2016 年 11 月 30 日，二十四节气正式成为人类非物质文化遗产代表作中的一员，还被国际气象届称为"中国的第五大发明"。这一古代劳动人民的智慧结晶，不仅在民俗文化领域具有重大价值，对于现代气象科学而言也是一笔巨大财富。而如何让它在新时代发出更加耀眼的光芒，则是你我共同的责任了。

☀ 春分

四川省气候中心　钟燕川　徐沅鑫　孙蕊
关键词导读：春分节气　气候规律

春分是二十四个节气中的第四个节气。每年公历 3 月 20 日左右，太阳位于黄经 0° 时，就是春分了。春分是伊朗、土耳其、阿富汗、乌兹别克斯坦等国的新年，这一历史已经有 3000 多年了。"仲春初四日，春色正中分""赤道金阳直射面，白天黑夜两均分"，所以，春分的意义，一是春分之日平分了古时以立春至立夏的春季，二是指在春分这天白天黑夜平分，各为 12 小时。春分这天，太阳几乎直射地球赤道，全球各地几乎昼夜等长。春分之后，北半球开始昼长夜短，而南半球开始昼短夜长，故春分也称升分。而在南北极，春分这天，太阳整日都在地平线上。之后，随着太阳直射点的继续北移，北极附近开始为期 6 个月的极昼，南极附近开始为期 6 个月的极夜。

春分是个比较重要的节气，它不仅有天文学上的意义，在气候上，也有比较明显的特征。春分时节，除了全年皆冬的高寒山区和北纬 45° 以北的地区外，中国各地日平均气温均稳定升达 0 ℃以上。我国除青藏高原、东北、西北和华北北部地区外，都进入明媚的春天，此时严寒已经逝去，气温回升较快，尤其是华北地区和黄淮平原，日平均气温几乎与沿江江南地区同时升达 10 ℃以上。辽阔的大地上，岸柳青青，莺飞草长，桃红李白迎春黄，而华南地区更是一派暮春景象。

春分时节，东亚大槽明显减弱，西风带槽脊活动明显增多，内蒙古到东北地区常有低压活动和气旋发展，低压移动引导冷空气南下，这就带来北方地区多大风和扬沙天气。当长波槽东移，受冷暖气团交汇影响时，便会出现连续阴雨和倒春寒天气。"一场春雨一场暖，春雨过后忙耕田"。春管、春耕、春种即将进入繁忙阶段。春季大忙季节就要开始了。

　　从气候规律来说，这时江南的降水迅速增多，进入春季"桃花汛"期，南方仍需继续搞好排涝防渍工作；在"春雨贵如油"的东北、华北和西北广大地区降水依然很少，抗御春旱的威胁是农业生产上的主要问题。春分前后华南常常有一次较强的冷空气入侵，气温显著下降，最低气温可低至 5 ℃以下。有时还有小股冷空气接踵而至，形成持续数天低温阴雨，对农业生产不利。所以我们应该充分利用天气预报，抓住冷尾暖头，适时播种。"二月惊蛰又春分，种树施肥耕地深。"春分也是植树造林的极好时机，在火热的农忙季节，要继续用我们的双手去绿化祖国山河，美化我们的环境。

　　古时候民间在春分这天，通常有踏青、放风筝、摘野菜的活动。而说到春分最有名的习俗，就是"立蛋"了。虽然有春分日夜平分、地球磁场相对平衡、有利于立蛋的说法，但这种说法并不科学。能不能立蛋，只与你的耐心和技巧有关。鸡蛋的表面有许多突起的"小山"，只要找到 3 个"小山"，使鸡蛋的重心线通过 3 个小山组成的三角形，那么这个鸡蛋就能竖立起来了。此外，最好要选择生下后 4～5 天的鸡蛋，这是因为此时鸡蛋的蛋黄素（卵磷脂）松弛，鸡蛋重心下降，有利于鸡蛋的竖立。

　　从周代开始，就有着春分祭神的仪式。北京朝阳门外的朝日坛，就是明、清两代皇帝在春分这一天祭祀"大明神"（太阳）的地方。如今，我们已告别了春分敬"神"、摘花摘野菜的时代，风和日丽，春意融融，正是大家外出春游、放飞风筝的好时候。请大家放下心中的烦恼，多出去走走。毕竟，生活不止眼前的苟且，还有春天开满油菜花的田野。

|芦山射箭坪风光|曾莉　摄影|

☀ 清明好时节

广安市气象局　黄敬淋

关键词导读：清明　气候　降雨

清明是我国的二十四节气之一，在仲春与暮春之交，通常在阳历4月4日到4月6日。

说到清明，自然想起唐代诗人杜牧的"清明时节雨纷纷"。这让我不由疑惑，清明时节，总是雨纷纷吗？

据《江南通志》记载，杜牧在池州为官时，曾经过金陵杏花村饮酒，于是便有了诗的后半句"借问酒家何处有，牧童遥指杏花村"。唐代金陵即现在的江苏南京，江苏省位于我国长江中下游地区。

到了清明节气，北半球日照增加，天气逐渐回暖，冬、夏季风开始转换，北方冷空气与来自海洋的暖湿气流常在江南一带形成对峙，造成了长江中下游地区"春雨绵绵"的景象，所以"清明时节雨纷纷"，其实是对江南春雨的真实写照。

此时我国华南地区同样气候温暖，因其地理位置偏南，临近海洋，水汽充沛，常发生较大规模降水，伴有雷暴等强对流天气，易形成暴雨，称为华南前汛期。

而黄淮平原以北的广大地区，清明时节降水仍然很少，对开始旺盛生长的作物和春播来说，水分常常供不应求，此时的雨水显得十分宝贵。

所以清明节气也常用作气候方面的指标。故而有"清明断雪，谷雨断霜"等谚语。

而在农业生产中，又有"清明前后，种瓜点豆""植树造林，莫过清明"一说。

清明时节除东北与西北地区以外，中国大部分地方日平均气温已升到12℃以上，大江南北直至长城内外，到处是一片繁忙的春耕景象。"清明

|洪雅复兴村茶山|张世妨　摄影|

时节，麦长三节"，黄淮以南的小麦即将孕穗，油菜已经盛花，多种果树
进入花期，茶树新芽抽长正旺。而这时北方冷空气仍有一定势力，应注意
预防低温霜冻对小麦、水稻秧苗等春播作物造成危害。

清明既是节气，同时作为中国的传统节日，距今已有2500多年历史。

人们在清明节这天祭祀扫墓，祭奠故人，缅怀先烈。此外，四月清
明，天气清澈明朗，万物欣欣向荣，正是结伴郊游的好时光，踏青、蹴
鞠、放风筝等一系列风俗体育活动也受到人们青睐。

清明节既有扫墓祭祀的感伤泪，又有踏青游玩的欢笑声，是一个十分
富有特色的节日。

除了我国，国外也有"清明节"，如法国的万灵节、日本的盂兰盆节
和墨西哥的亡灵节等。

梨花风起正清明，百鸟啼鸣，万象更新，最美四月天，清明好时节！

☀ 端午与夏至的对话

内江市气象局　杨清清

关键词导读：端午　夏至　气候特点

谈到对话，可能大家最先想到的是人与人之间的交流。或许是面对面的，也或许是通过某种媒介的。但是，大家知道，可能有的对话，并不那么直接吗？比如端午和夏至。

端午是中国的传统节日，最初是人们祛病防疫的节日。春秋之前，吴越之地，有在农历五月初五这天以龙舟竞渡的形式举行祭祀的习俗，后来逐步演变为龙舟赛，成为端午当天重要的活动之一。

先秦时，屈原在这一天逝去，端午便成了人们纪念屈原的传统节日。"若有人兮山之阿，被薜荔兮带女萝。"每当想起屈原，端午节，又平添了一分忧愁。

在这一天，各地有许多习俗，人们为这些习俗赋予了美好的寓意。吃粽子是为了纪念屈原、怀念祖先；喝雄黄酒、薰插艾叶则是为了驱虫避蛇，迎祥纳福。每一种习俗，都是人们对生命的尊重和对美好的期盼。

说到端午节的起源，可能很多人第一时间想到的是祭祀屈原。然而，并非如此，中国的很多节日与节气之间存在紧密联系。

在《岁华纪丽》中说道："日叶正阳，时当中夏。"端午节正处在夏季之中，故而端午节又称为天中节，它的最早起源当系夏至。

夏至，气温升高、雨水充足，蚊虫开始滋生，疫病开始蔓延。人们在认识到这一现象后，便有意识地在夏至之前选择一个时间节点，也就是端午时分，举行一些活动来

提醒大家防虫、防病、防高温。

在甜城内江，端午节赛龙舟是一年一度最盛大的活动。然而，端午处于夏至节气，雨水充沛，河水像猛兽，从上游奔赴而下；滚滚的河水中央，总是漂浮着大块慵懒的枝叶，随波而下没有归期。这时候，有人在清冷的房间里熬红了双眼，关注着端午的风云变幻；也有人坚守在漆黑的夜里，等待着雷达发出指令的时刻。

所有的所有，都只是为了给期盼端午盛会的人们，寻找一个合适的时机。

端午，是人和自然的对话；夏至，是生命茁壮的时刻。总有人在你不知道的地方，默默地为你做着你察觉不到但又感到温暖的事。既然不能和他们一一相见，那便心存感激，带着你最甜美的笑容载歌载舞吧！端午节快到了，甜城的姑娘和龙舟赛的选手们早已开始准备，盛宴即将开幕，甜城风情万种、风味万千、风景如画，等待你的探寻！"花径不曾缘客扫，蓬门今始为君开。"欢迎各位同仁前来甜城内江，观龙舟、吃粽子、赏汉安美景、品大千文化！

| 黑竹沟晨光 | 王永春　摄影 |

☀ 劳动的号角——芒种

广安市气象局　邱岚　董雪梅

关键词导读：芒种　播种　气候特点

"时雨及芒种，四野皆插秧。家家麦饭美，处处菱歌长。"

关于芒种的古诗词中，大概最著名的要属陆游的这首《时雨》了，它几乎成为芒种节气的代表作！气候——"时雨"、农事——"插秧"，在每年的公历6月5日或6日，太阳抵达黄经75°时，布谷叫、伯劳飞，浓绿满眼，桃杏枇杷新香四溢，这便是芒种节气款款而至了。

|丰收的田野|王永春　摄影|

　　那么，到底"芒种"一词该怎样理解呢？其实，"芒种"一词最早出自《周礼》中的"泽草所生，种之芒种"。其中"芒"代表小麦等有芒作物，而"种"则指的是种子播种的意思。所以，芒种是每年农业生产最繁忙的时节，人们一头连着收，一头又接着种，一边忙着收获金色的小麦，一边又抢着种下青色的稻苗，正如民谚所说"有芒的麦子快收，有芒的稻子可种"。

　　说到这里，你可能想问，为什么农事耕种会以芒种节气为界？其实这主要是由芒种的气候特点决定的。芒种时节，我国黄淮平原、西南地区进入了多雨季节，而在芒种后，华南地区的东南季风雨带稳定少动，长江中下游地区也将先后进入梅雨季节，丰沛的降水滋润着地里的庄稼。

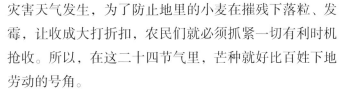

　　这一时节雨量充沛、气温骤升，还时有龙卷风、冰雹、大风、暴雨等灾害天气发生，为了防止地里的小麦在摧残下落粒、发霉，让收成大打折扣，农民们就必须抓紧一切有利时机抢收。所以，在这二十四节气里，芒种就好比百姓下地劳动的号角。

　　在农村，芒种可是一年中最忙的时节，人们并没有多少闲暇时间，因此流传下来的风俗习惯也并不算多，但好在也有"送花神""挂艾草""安苗"等有趣的习俗。其中最出名的便要属至今尚存的"青梅煮酒"了。比如在《三国演义》中，就有刘备与曹操"盘置青梅，一樽煮酒。二人对坐，开怀畅饮"煮酒论英雄的经典故事。

　　如今，昔日"芒种前后麦上场，男女老少昼夜忙"的景象早已被现代农业机械场景所取代，科学技术作为第一生产力正日益显现。但芒种时节，依然是一个激情四射的时节，是一个收获喜悦、播种希望的时节，人们正以不同的形式奋斗着，他们坚信，洒下辛勤的汗水，就一定能实现五谷丰登的愿望，也一定能收获到稳稳的幸福。

☀ 盛夏三伏，你"服不服"？

广安市气象局　蒋靖

关键词导读：三伏　气候特点

"六龙骛不息，三伏起炎阳。寝兴烦几案，俯仰倦帏床。"这是梁太宗萧纲《苦热行》里的诗句，描写了三伏天的灼热和焦躁难眠。可见三伏是夏季中最难熬的日子。三伏是初伏、中伏、末伏的统称，出现在 7 月中旬到 8 月中旬。三伏的具体日期是由节气和干支纪日的日期来决定的。我们常用"夏至三庚"来表示入伏的日期。庚日是干支纪日中带有庚字的日子，位于天干中的第 7 位，每 10 天重复一次。传统算法规定，初伏从夏至后第三个庚日开始，中伏从第四个庚日开始，末伏从立秋以后第一个庚日开始，头伏和末伏各 10 天，中伏 10 天或 20 天。

又有言道："小暑不算热，大暑三伏天。"在三伏天里，许多地区的最高气温达 35 ℃以上，40 ℃的酷热也屡见不鲜。三伏天究竟有多热，想必咱们四川姑娘特别有感触，平时逛街一呼百应，三伏天你百呼未必一应，毕竟能叫出门的那都是"过命"的交情。"人在屋里热了跳，稻在田里热了笑"，气温最高的伏天，农作物生成也最快，种植双季稻的地区，将顶

烈日战高温，完成收早稻、种晚稻的工作。可见高温对农业和日常生活都有不同程度的影响。当出现极端高温少雨还会导致严重伏旱。2006 年 6 月到 8 月，四川、重庆部分地区经历了自有气象记录以来最严重的一场干旱，1800 多万人出现饮水困难，农作物受灾面积达 340 万公顷。如此三伏，就问你们"服不服"？

为什么"三伏天"最热呢？夏至以后，白天渐短，黑夜渐长，但是白天还是比黑夜长，地表接受太阳热辐射收入大于支出，近地面的热量便不停地累积。进入三伏后，热量达到高峰，天气自然也就最热了。一般而言，三伏期间，我国南方干热，北方湿热。这是由于我国中东部大部地区正被副热带高压这种海洋暖气团控制着，暖气团的边缘会将热带洋面上湿润的空气向北输送，使得北方相对湿度较大。而南方大部地区受副热带高压内部下沉气流增温影响，迎来高温伏旱天气。

既然三伏天如此难熬，那么我们在衣食住行方面就该多加注意。衣着上穿浅色、透气的衣服；注意清洗卫生；饮食多清淡，不宜吃剩菜剩饭；夏季多喝凉茶、绿豆汤、淡盐开水等；适当增加午休；进出房门注意温差，冷风不宜直吹身体；适当减少户外活动，勿暴晒；外出可带遮阳伞，涂抹防晒霜，防暑药品也可随身携带。

延伸阅读 ··

四川省气象灾害预警信号——高温预警信号

高温预警信号分 2 级，分别以橙色、红色表示。

（一）高温橙色预警信号

图标：

标准：达州、南充、广安、巴中、宜宾、遂宁、内江、资阳、广元、自贡、泸州、攀枝花和凉山等市、州在未来 24 小时内最高气温将升至 38 ℃以上；省内其余地区未来 24 小时内最高气温将升至 35 ℃以上。

防御指南：

1. 有关部门和单位做好防御高温工作；

2. 注意防火，保障电力安全和公共卫生安全，预防流行疫情；

3. 高温环境下作业和需要长时间户外露天作业的人员应采取防暑降温措施，午后高温时段尽量避免户外活动；

4. 特别注意老弱病幼人群的防暑降温。

（二）高温红色预警信号

图标：

标准：达州、南充、广安、巴中、宜宾、遂宁、内江、资阳、广元、自贡、泸州、攀枝花和凉山等市、州在未来 24 小时内最高气温将升至 40 ℃ 以上；省内其余地区未来 24 小时内最高气温将升至 37 ℃ 以上。

防御指南：

1. 有关部门和单位适时启动抢险应急预案，做好处置灾害的准备；

2. 采取措施，确保正常供电、供水；

3. 注意公共环境卫生和食品卫生，预防流行疫情；

4. 防暑降温，对老弱病幼人群采取保护措施；

5. 午后高温时段尽量避免户外活动，中小学校在高温时段可决定停课，高温环境下作业的人员缩短连续工作的时间，暂停高温时段露天作业；

6. 加强防火，注意防范因用电量过高和电线、变压器等设施电力负载过大而引发的火灾，确保电力设施安全。

|骑龙坳日出云海｜张世妨　摄影|

四川气候特点

☀ 大熊猫与气候的奥秘

阿坝藏族羌族自治州气象局　杨斌　王珊　银措杰

关键词导读：四川气候　大熊猫

大熊猫是我国的"国宝"，是世界生物多样性保护的旗舰物种，是珍贵的世界自然遗产。全球范围内似乎只有四川的自然环境与气候最适宜大熊猫的生存。那么，两者有什么关系？让我们去探索大熊猫与四川气候的六大奥秘。

奥秘一：历史。大熊猫的历史源远流长，大约诞生在800万年以前。大熊猫历史上很长一段时间曾是热带兽。后来逐渐演变变迁，现生活在陕、甘、川三省等寒温带。

奥秘二：温度。四川隶属亚热带季风气候，气候温暖湿润，与同纬度地区相比，年平均温度明显偏高，尤其到了冬季，由于冷空气受北方秦岭大巴山阻挡，四川盆地冬季的平均温度比长江中下游地区高，年积温也比同纬度高。

奥秘三：高度。众所周知，大熊猫是熊类中罕见的候兽，只不过不像候鸟那样南北迁徙，而是上下移动，所以大熊猫对海拔的垂直高度有很高的要求。大熊猫主要分布在山区的1400～3500米海拔高度带内，属于亚高山和高山地区。例如邛崃山脉，山区内显著的垂直高差和昼夜温差是中亚热带季风气候向大陆性高原气候过渡地区，因此，为大熊猫提供了理想的生存环境。

| 熊猫 | 陈敏 摄影 |

奥秘四：湿度。大熊猫生活的区域由于受到太平洋夏季风和印度洋夏季风的影响，雨量十分充沛。由于高山气温低，因此分布区内气候十分湿润，年平均相对湿度都在 85% 以上。大熊猫厚厚的毛皮就是对这种阴凉、阴冷气候的最好适应，也便于大熊猫食物的存储。说到食物，接下来让我们继续揭秘。

奥秘五：食物。大熊猫的食物几乎 99% 是竹子。竹类大都喜温暖湿润的气候：年平均气温为 12～22 ℃，年降水量为 1000～2000 毫米。四川是竹子的盛产地，所以特别适合大熊猫无忧无虑、快乐地成长。说了这么多，自然离不开繁衍，繁衍是动物的生存之本。

奥秘六：交配。大熊猫数量稀少，是因为熊猫为了保证熊猫宝宝的存活，只会在特定的气候条件下才会自然交配，而四川的自然气候，最适宜大熊猫交配繁衍。所以说我们四川这么好的自然环境气候，大熊猫怎么舍得离开最好的生存家园呢？

☀ 我是婉约派——华西秋雨

遂宁市气象局　杨雪　王馨
关键词导读：华西秋雨　气候特点

　　"君问归期未有期，巴山夜雨涨秋池。"早在1000多年前，诗人李商隐的这首《夜雨寄北》，不知道寄托了多少有情人的思念。到底是怎样的雨才能让这位"小李白"发出如此感慨呢？相信已经有朋友猜到了！没错，这就是我，一个此刻你看到的女孩，我有一个诗意的名字，叫作华西秋雨。

　　我，华西秋雨，是我国华西地区秋季一种特殊型、高影响的天气现象。进入秋季后，华西地区常常是阴云低垂、细雨霏霏。所以，本小仙女

|黑竹沟秋色|王永春　摄影|

的工作时间一般都是在每年9月到11月，但有时候心情好，8月下旬就会提前来报到，最晚在11月下旬才结束工作，"打道回府"。而我身上的特点呢，就是以绵绵细雨为主，并且雨日较多，通常在秋季连续7天或者7天以上。

大家现在从地图上看到黄色区域的这些地区（图略），就是我"掌管"的辖区。其中四川盆地和川西南山地我最喜欢去，也最为常去。

说到这儿，也许有人会质问我，每年秋天华西一带就独得我的"光顾"，这泱泱大国，缺水之地不在少数，为何不能雨露均沾呢？既然说到这事儿，就得好好说说，这可不能怪我，其他地区的降雨有他人"掌管"，比如梅雨。而我"掌管"的辖区每年9月以后，随着大气环流由夏季到秋季的转换，影响我国的冬季风开始活跃，东亚夏季风南撤。而秋季频繁南下的冷空气，由于受到秦岭和云贵高原以及青藏高原东侧地形阻滞，常常容易与原本停滞在这个区域的暖湿空气相互作用，从而产生了缠绵的小雨。

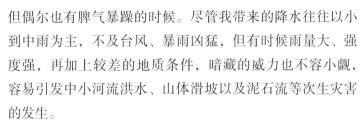

说到这里，今天当着众人我也不得不承认一点，平日里我性格温柔，但偶尔也有脾气暴躁的时候。尽管我带来的降水往往以小到中雨为主，不及台风、暴雨凶猛，但有时候雨量大、强度强，再加上较差的地质条件，暗藏的威力也不容小觑，容易引发中小河流洪水、山体滑坡以及泥石流等次生灾害的发生。

也许此时，还会有人站出来指责我：连日阴雨、不见天日、庄稼遭殃。是的，我承认，我的确给农民带来了很大的困扰，但降雨也并非毫无益处。秋雨多，有利于水库、池塘以及冬水田蓄水，可以有效预防后期的冬干春旱。

相信听到这里，大家对我也应该有了一定的了解。我，华西秋雨，虽然有时"绵里藏针"，但却终结了酷热的夏天，化着诗意的妆容来到你身边。若以文坛上的豪放派和婉约派为例说明，夏季雨水属于豪放派，气势汹涌、喷薄而出；而华西秋雨则属于婉约派，浅吟低唱、缠绵悠长。

☀ 成都，一座有"气"没处撒的城市

成都市气象局　许晨　罗衣

关键词导读：成都　气象扩散条件

　　我们把成都这座城市拟人化，比喻成一个"小姐姐"。"小姐姐"是网络用语，表示的是温柔可爱的女生。她美丽、大方、直爽、风趣，能古董，能时尚，会做很多美食，还养了一堆熊猫，简直太完美了！

　　但是，即便是这样的"她"，也有一个众所周知的小缺点。那就是她偶尔会有一点儿"气味"，也就是雾和霾。这个问题一般在冬季比较突出。

　　这下，成都"小姐姐"可不开心啦，她大呼，其他人不过是住所通风，而我呢，就住在个盆子里，怎么通风呢？

　　确实，成都"小姐姐"的住所位于四川盆地西北部，主要是平原。它被周围的山脉包裹得严严实实。由于高原、山地的阻隔作用，制约着北方

冷空气的南下活动。我们都知道，冷空气入侵会带来降温、大风及雨雪天气，有利于空气净化，而成都地区常年冷空气活动较少，特别是冬季。

然后呢，成都"小姐姐"也不能经常淋浴。成都地区初冬季（11—1月）降水量明显偏少，累计总量只占全年总量的不到7%，不利于空气净化。加之，成都被周围山地包裹的原因，逆温现象比较显著，几乎天天都在逆温中"摸爬滚打"，逆温层就像一层厚厚的棉被盖在成都"小姐姐"身上，空气不易形成对流，使得人们生产、生活排放出的污染物不能扩散到高空且输送到远处，所以容易在近地面层堆积起来，带来雾/霾天气。这下，成都"小姐姐"可不开心啦，觉得大家会嫌弃她。

所以，我们要为成都"小姐姐"打气！成都气象扩散条件先天不足，导致你有这些没处撒的"气"，但我们人类也要为你努力，有朝一日，一定会让你重回那个完美"女神"！

成都，你的笑容我们会守护到底。那我们就从现在做起，低碳出行吧！

| 成都上空彩云飞 | 向安顺 摄影 |

☀ "雅雨"的故事

雅安市气象局　彭贵康　吴亚平

关键词导读：雅安　雨日

　　雅安历史上就有"天漏""漏天"等称呼。杜甫诗曰："地近漏天终岁雨。"年平均近 1700 毫米的降水量，成了当地"三雅"文化之首的雅雨，而同时，也赋予了雅安闻名遐迩的名号——雨城。

　　为什么雅安会有如此之多的降雨？"雅雨"有什么特点？"雅雨"对雅安人有何影响？

　　雅安市地处北纬 30° 附近的西风带中，东邻川西平原，西接青藏高原。境内北、西、南部高，东部低。在邛崃山脉和大相岭山脉的环抱下，青衣江流域地形成了一个巨大的开口向东的"U"字形地形。在这样的地理、地形条件下，在 3000 米高度，因青藏高原的阻挡，川西到雅安北部常年盛行一绕流气旋；在近地面，青衣江中上游的地区，因受"U"字形地形的阻挡作用，常年维持一逆时针方向旋转的地形涡旋。因此，从近地面到高空，这两层常定涡旋的维持和嵌套是造成雅安雨多的主要原因。

雅安强降雨发生频率高，强度大。雅安是川西暴雨中心之一，每年都有暴雨、大暴雨强降雨天气出现，平均每年有 7～9 次区域性暴雨天气过程。雅安雨日多，日降雨量大于等于 0.1 毫米的日数平均多达 213 天。而雅安降水的独特之处，就是"雅雨多夜来"。雅安虽然雨量大、雨日多，但全市年平均夜雨率却高达 72%～78%，是"巴山夜雨"现象最为突出的地区。

"雅雨"对雅安人也产生了巨大的影响。生活在雨城，"雅雨"滋润了雅安人的身心，雅安人沁透了"雅雨"的情怀。雅安市北部各区县的年平均气温为 14.1～16.2 ℃，平均相对湿度为 77%～84%，人体会感觉非常舒适，人体皮肤的老化过程也会减缓。即使在全球范围内，雅安也是气候最为宜人的地区之一。2011 年，雅安被中国气象学会授予"中国生态气候城市"。"雅雨"造就了舒适温和的气候，气候滋润了"雅女"的身心。同时，雅安优越的自然条件，又为大熊猫、金丝猴、雅鱼等珍稀动植物提供了物种延续的条件，构成了雅安独特的"三雅"文化。

但是，暴雨、大暴雨等灾害性天气也严重影响雅安经济发展和人民群众生命财产安全。气象部门将充分利用现有的科技手段，进一步提高气象灾害的监测预警能力，为"美丽雅安，生态强市"提供坚强的气象保障。

☀ 巴山夜雨

巴中市气象局　杨雪

关键词导读：气候　诗词

当第一束火种从人类的手中跳跃而出，那令人敬畏的天象地貌便再也无法躲藏。历史车轮滚滚千年，人世变迁沧海桑田，唯独不变的是那春绿秋黄，夏艳冬苍，还有那四季流转背后的漫漫苍茫。

古人辨四季，辨的是天气、气候和现象，且总以神明注释，记录为"天时"。天时，引申一下含义，便是顺势而为，而我理解的势，就是气象。

气象是神奇的，它能让人生出无边的豪气；气象与诗词，是自然与人文最完美的搭档。诗词因气象而华丽多彩，跃然纸上。"忽如一夜春风来，千树万树梨花开。"一场由冷锋过境导致的先风后雪的普遍现象，却能让人在朗诵时，眼前生出万千梨花，口鼻中仿佛闻到淡淡香甜，着实神奇。而这些暗含气候或天气的诗句，也成为专属于我们华夏子孙的独家记忆。说到专属，在这万千描写气象与气候的诗词中，恰有一种天气现象，却是专属于我国西南山地，且对我们意义非凡，并延续千年而不变的神奇景象，那就是——巴山夜雨。

"君问归期未有期，巴山夜雨涨秋池；何当共剪西窗烛，却话巴山夜雨时。"这首创作为晚唐的《夜雨寄北》，构思精巧，语短情长，千百年来被后人们不断地解读和赞美，可众人在沉醉于诗中那含蓄的力量时，却对那反复出现的"巴山夜雨"浑然不知，百思不解。殊不知那一场场让李商隐怅然兴叹的夜雨，不仅是大自然

巧夺天工般的神奇造化，更是其对于当地居民的一种珍贵的馈赠。

巴山夜雨之所以"巧"，源自气候地形缺一不可。在我国西南地区，地形闭塞，巍峨群山随处可见，山川丘陵比比皆是。这片身处亚热带季风气候的区域，气候环境常年潮湿多云。这也造成云层与地面之间因辐射、吸热等活动，热量交换频繁，使云层成了域内地面的一件天然"保暖衣"，同时也让云体下部温度的下降速度变得缓慢。而随着夜间气温的下降，以晚间 20 时至次日 08 时最为明显，云体上部辐射散热迅速，导致云体上下出现温差，云层出现结构不稳定，对流情况发生，产生夜雨。

而巴山夜雨之所以"珍"，源自其对当地居民生存积极的影响。西南地区因受云贵高原、地势落差大等影响，导致冷热空气南下受阻，准静止锋频出，降水虽多但季节却分布不均，夜雨降水量更是占据全年降水量的 60%甚至更多。再者，夜雨的常态化，也让这一地区的空气质量和空气中的含氧量远胜于其他地区，更让当地居民的生存状态和健康指数领跑全国。

巴山夜雨千古不变值得我们为之赞叹与骄傲。它不仅是一种天气现象，更多的是诗情画意，是淡淡的乡愁，是浓浓的思念，是文化的结晶和传承。

| 达州市宣汉县巴山大峡谷岭脊峰丛 |

☀ 你不知道的那些雪事

甘孜藏族自治州气象局　张丹
关键词导读：**甘孜石渠　降雪**

野鹤奔向闲云，我步入你，一场大雪便封住了世间万物。

仓央嘉措笔下的雪是浪漫而神圣的，它是冬日的精灵和洁白的象征。2019年2月25日，情歌城康定便下起了皑皑白雪，洁白的雪花与红色的梅花相得益彰，浪漫的情歌城在皑皑白雪的映衬下婀娜多姿。那美丽的雪花又是如何形成的呢？

雪花虽然名字中有花，但它却不是花，它只是水的另一种形式。当小水滴变成水蒸气上升时，突然冷空气来了，水蒸气便三五成群地和空气中的凝结核紧紧地聚集在一起，形成六角形的雪花雏形。雪花雏形不断吸附周围的水汽，当它终于承受不了自身重量时，便开始下落。若此时近地面温度在0℃及以下，那么亲爱的你，便可一睹雪花纷飞的芳容了。

古诗有云"燕山雪花大如席"，人们也常说"鹅毛大雪"，可为什么有时候看到的是小雪粒呢？

事实上，单个的雪花是很小的，它的直径在0.5～3.0毫米，通常我们看到的"鹅毛大雪"其实并不是一个雪花，而是由许多雪花粘连在一起而形成的雪花聚合体。尤其当气温接近0℃、空气比较潮湿的时候，雪花晶体很容易互相联结起来，形成所谓的"鹅毛大雪"。

那洁白的雪花飘落在川西高原，又会变成哪般模样呢？

2018年6月3日，甘孜藏族自治州石渠县漫天飞雪，降雪量达11.5毫米。石渠县海拔4200米，年平均温度 -0.9℃。夏季降雪在川西高原并不算特别罕见，究其原因，主要是受经向环流影响，高原冷空气活动相对频繁，能量大、水汽充足，加之高海拔地区近地面温度较低，雪在下落过程中未融化成雨。所以，夏季降雪不过是高海拔地区的一种降水天气现象

| 甘孜藏族自治州康定市野牛沟雾凇 |

罢了，但它却给人们带来了季节上的错觉和视觉上的盛宴。

夏季降雪不仅有着蓄水保墒、缓解春旱、降低火险等级的重要作用，而且也造就了川西高原独特的自然风光。千年冰川的海螺沟、"蜀山之王"的贡嘎雪山、一步一景的木格措都吸引着无数游客。但凡事有利必有弊，2018年的国庆节，一场暴雪来袭，康定折多山又被大雪封山了，千余辆车辆滞留在海拔4000多米的山上，400多名警力连夜疏导，希望大家在欣赏美景的同时，也做好各种防护措施。

听！雪花在歌唱，看！精灵在舞蹈，让我们一起去川西高原、情歌康定感受一场白色的浪漫吧！

延伸阅读 ··

四川省气象灾害预警信号——暴雪预警信号

暴雪预警信号分3级，分别以黄色、橙色、红色表示。

（一）暴雪黄色预警信号

图标：

标准：12小时内降雪量达5毫米以上或者已达5毫米以上且降雪持续。

防御指南：

1. 政府及有关部门落实防雪灾和冻害的应急措施；

2. 交通、铁路、电力、通信等主管部门加强道路、铁路、线路等设施的巡查维护，做好道路安全和积雪清扫工作；

3. 注意防寒保暖，行人注意防滑，驾驶人员小心驾驶，车辆采取防滑措施；

4. 农牧区和种养殖业备足饲料，做好防御雪灾和冻害的准备；

5. 加固棚架等易被雪压垮的搭建物。

（二）暴雪橙色预警信号

图标：

标准：6小时内降雪量将达10毫米以上或者已达10毫米以上且降雪持续。

防御指南：

1. 政府及有关部门做好防雪灾和冻害的应急工作；

2. 交通、铁路、电力、通信等主管部门加强道路、铁路、线路等设施的巡查维护，做好道路安全和积雪清扫工作；

3. 防寒保暖，减少不必要的户外活动，行人注意防滑，驾驶人员对车辆采取防滑措施并小心驾驶；

4. 农牧区和种养殖业备足饲料，防御和减少雪灾、冻害造成的损失；

5. 加固棚架等易被雪压垮的搭建物，将牲畜赶入棚圈。

（三）暴雪红色预警信号

图标：

标准：6小时内降雪量达15毫米以上或者已达15毫米以上且降雪持续。

防御指南：

1. 政府及有关部门启动应急预案，做好防御雪灾和冻害的应急抢险工作；

2. 交通、铁路、电力、通信等主管部门加强道路、铁路、线路等设施的巡查维护，做好道路清扫和积雪融化工作；

3. 采取防寒保暖措施，减少不必要的户外活动，行人注意防滑，驾驶人员对车辆采取防滑措施并小心驾驶；

4. 危险地带的学校可以停课、单位可以停业，封闭积雪道路，航空、铁路、高速公路实行交通管制或者暂停营运；

5. 农牧区和种养殖业备足饲料，做好防御雪灾、冻害的准备和农牧区的救灾救济工作；

6. 加固棚架等易被雪压塌的搭建物，将牲畜赶入棚圈。

☀ 为攀枝花的"热"正名

攀枝花市气象局　罗逸　李永军

关键词导读：攀枝花　气候特点

　　提到攀枝花的气候，你首先想到的是什么？到过攀枝花的朋友，也许会在脑海里"蹦"出一个"热"字。满街的亚热带水果、常年不败的鲜花、冬季如候鸟般聚集而来的老人，以及五六月似火的骄阳，这一切，似乎都在印证着攀枝花的"热"。而今天，我却要为攀枝花做个辩护，为攀

| 米易梯田 | 米易县人民政府　供图 |

枝花的"热"正名。

"热区飞地"。攀枝花城区分布在金沙江沿岸，海拔 1100 米左右，年日照数 2700 小时，平均气温 20.3 ℃，大于 10 ℃积温持续日数超过 285 天。与同纬度地区相比，这里热量资源丰富，具有典型的南亚热带干热河谷气候特征，成了四川省唯一的"热区飞地"。热带水果王国里盛产的芒果、火龙果、菠萝、释迦、莲雾从这里源源不断地运往全国各地；棕榈、三角梅、木棉、凤凰花、蓝花楹等喜温植物在这里生长茂盛。"热"给你的味蕾带来了不一样的享受，"热"也给了攀枝花不一样的风景。

"立体气候"。山高谷深的地理条件，为攀枝花的气候带来了"立体"特征。离开河谷地区，你就进入了占比高达 88.4% 的低中山和中山"低温区"。这些区域（平坝、台地、高丘陵、低中山、中山、山原）海拔较高，植被茂密，气温较低，是夏季纳凉的好去处。离城区 9 千米的攀枝花保安营机场，海拔高度 1980 米，常年气温比市区低 10 ℃左右，成了市民、游客纳凉和观看钢城夜景的常去之处。

"高温错峰"。外出办事错峰出行，你会觉得轻松愉快；蔬菜水果的错峰上市往往会卖出好价钱。而在攀枝花，高温也是错峰登场，让人们在夏天还能感受不一样的清凉。每年的 2—3 月，当同纬度其他地方乍暖还寒的时候，攀枝花已经准备开启夏季模式；到了 5—6 月，气温升至一年之中最高，但由于相对湿度低、室内外温差和昼夜温差大，所以即使在酷暑来临的日子，在室内你还是可以感受到清凉，晚上你还是可以睡个好觉；而雨季的到来，给万物带来了生机，也给干热的攀枝花送来了阵阵凉意。据统计，攀枝花 7—8 月的相对湿度较成都地区低 10%～14%，平均气温仅高 0.2～0.3 ℃，而体感温度则要低出许多，人体感觉清凉，让人觉得"热"在攀枝花仅仅是徒有虚名。

一花两江美如画，四季阳光养天下。邓小平同志曾评价攀枝花"这里得天独厚"。这里的气候是独特的，这里的"热"，也热得与众不同。攀枝花的热，是三线建设热火朝天的干劲儿，是万物生长的不竭动力，更是攀枝花人热情包容的性格。美丽热情的攀枝花欢迎您！

☀ "打不湿的古蔺"与"晒不干的叙永"

泸州市气象局　赖自力　王甚男　李红玉　刘译壕
关键词导读：泸州古叙山区　气候差异

毛泽东著名的《七律·长征》诗词："红军不怕远征难，万水千山只等闲。五岭逶迤腾细浪，乌蒙磅礴走泥丸……"

今天我们要说的古蔺和叙永就是诗中所提到的"乌蒙"地区。著名的红军"四渡赤水"就发生在这片神秘的土地上。

自古以来在这儿流传着这样一句俗语——"打不湿的古蔺""晒不干的叙永"。

古蔺和叙永两个县城，同属泸州市辖区，位于四川盆地南部边缘与云南、贵州交界处，地处同一纬度、经度，海拔高度相差不到200米，直线距离不足40千米，天气到底有着怎样的天壤之别？我们先来感受一下：

这是2016年的一次大暴雨天气过程。叙永超过2/3的站点出现暴雨，其中14个站点突破了100毫米；而古蔺呢，暴雨站点仅有2个，甚至有的站点几乎没有下雨。

当然，一个过程说明不了问题。于是，我们对比了近年来的降雨情况，发现叙永和古蔺全年暴雨发生的次数比达到6∶1，年降雨量相差400毫米以上，年降雨日数整整相差50天，两个"邻居"的气候特征为什么如此截然不同？

首先，古蔺、叙永的特殊地形。古蔺、叙永地处四川盆地与云贵高原过渡斜坡地带，叙永南面背靠云贵高原，地势北低南高；古蔺被群山环抱，地势西高东低。

原因之一："英雄"难过大娄山！当北方的冷空气南下来到叙永，受大娄山的阻隔，算是"英雄末路"，开始在叙永堆积滞留，冷暖空气交汇时间大大延长，加上地形抬升的有利作用，降雨久久不停歇，常年滋润，沼泽地深不见底。接着，冷空气的残余势力继续翻山，过程中又进一步削弱，最后到达古蔺已是"残兵败将"，甚至无法抵达古蔺。同时，古蔺处于背风坡，气流自上而下流动，产生锋消作用，使降雨减弱。这也就是为何同一次过程，古蔺降雨明显偏小甚至无降雨出现的原因。据统计，叙永最长连阴雨日数长达 22 天，两地冬季降水量差距达 4～5 倍，从而出现"打不湿的古蔺"和"晒不干的叙永"民间之说。

原因之二：西南风，蒸"桑拿"！南方湿润温暖的西南季风，"走"到了云贵高原，已经在迎风坡形成降雨带走了大量的水汽，翻山后到达背风坡的古蔺时已经非常干燥了，甚至产生焚风效应！一旦焚风过境，气候将变得火热而干燥，就像蒸"桑拿"一样。由于古蔺地理位置更偏南，受干热风影响更大，降雨受其影响更大。

原因之三："有碗装不住水"！古蔺虽处于群山环抱的河谷中，但却干旱少雨，蓄水能力差。因为古蔺境内多为喀斯特地貌，境内地表多为砂石土和砂岩，蓄水能力差，无法在上空形成聚集性水汽，干燥无比。

"打不湿"的古蔺，到底有多干呢？降雨量最少年份仅 500 毫米，逐年发生干旱的概率"十有八九"，伏旱尤为突出。历史上古蔺最长连续无降雨日长达 37 天，在同纬度地区实属罕见。

最后，让我用一句俗语来结尾：天无三日晴，地无三尺平。天工造物赋予了古蔺、叙永极大的包容性和鲜明的个性；历史文化的传承、民族文化的张扬，让人怦然心动；美酒、美景、美食、美人，醉美泸州欢迎您！

| 泸州市古蔺县普照山云 |

☀ 揭盖下雨的秘密

雅安市气象局　彭贵康　钱正迪
关键词导读：雅安　局地气候

"扬子江中水，蒙山顶上茶"，诗中所说的蒙山，现叫作蒙顶山，坐落于雅安市境内，被称为世界茶文化的发源地。山上有一口古井，据说在晴朗的天气只要把这口井的井盖打开，井周围的地方就都会下雨，只要盖上井盖，雨就会停，如果盖子一直不盖，大雨就会连下不止。

这口井真的有如此神力，能呼风唤雨？让我们去一探究竟吧！

看，这就是传说中神奇的古蒙泉井，又叫甘露井，口径0.3米左右，井深约1.7米，水深不到0.5米，水容量约一个立方米，始建于西汉，迄今

| 雅安市天全县喇叭河秋景 |

已有 2000 多年的历史。它周围被石栏护着，两边摆放着龙形石雕，古井上方朱砂题写的"甘露"两字格外醒目，井口上的龙形石盖也早已破损。

对于古井揭盖有雨的神秘现象，人们试图从科学角度进行解释，有两种说法。当地人说，如果把井盖揭开把手伸下去，不一会儿关节就会感觉到凉飕飕的，平时井盖盖上时间长，井里又湿又冷，天气很热的时候，一旦揭开井盖，里面的湿冷空气一出来，与热空气接触马上就会形成降雨。还有一种说法认为，蒙顶山山顶上常常云雾缭绕，空气中的水汽含量多数时间处于饱和或接近饱和状态。这种状态的空气一旦遇到声波的搅扰，就会打破空气中水汽的饱和状态，催化出雨滴，从而产生降雨。甘露井井盖虽然不大，但重量可不轻，掀动它时会产生不小的声响，正是这些声波，促成了降雨的产生。这个说法有些类似"蝴蝶效应"。

对于这两种说法，其实均存在误区，因为井里的温度比外面低，水汽不会上升，只会下沉，只有暖的空气才会上升。按这个道理，井盖揭开后形成降水的可能性就很小了。为验证传言，我们一同给甘露井揭盖，在一旁用放鞭炮、敲锣等方式来"催雨"，这些声响产生的振动远超过揭开井盖时产生的振动，但并没有雨水落下。

那么这揭盖下雨到底是怎么一回事呢？在气象学界，雅安是世界闻名的"天漏"。雅安各山区年均降雨量 1510 毫米，年平均降雨日在 210 天到 220 天，多年来一直雨水丰沛。而位于雅安市中部的蒙顶山，海拔高度在 1500 米左右，由于周围的山脉阻挡着盆地内潮湿气流的西进或北上，西北方的冷空气不易入侵，因而蒙顶山的气候特别温湿，多云雾，雨量充沛，常年雨雾蒙蒙。据气象资料统计，蒙顶山的年平均降水达 2200 毫米，比雨城雅安城区还多 10%，是雅安"天漏"多降水中心之一。年雨日近 260 天，也就是说，每天降雨气候概率高达 71% 以上，蒙顶山甘露井附近的降雨是一个大概率的事件，所以揭开井盖后，往往或早或晚都有降水与之相应。当然，这个特殊有趣的自然现象，还是由于蒙顶山所处的特殊的地理环境和特殊的大小地形共同作用所致。因此，揭开甘露井井盖能下雨，其实是巧合居多。

| 日出四人同 | 张世妨　摄影 |

第二篇

气象防灾减灾

- 大气污染与保护 ● 雷电灾害及防护 ● 强对流及防范
- 地质灾害及避险 ● 森林火灾及防御

大气污染与保护

☀ "无形杀手"自画像

四川省农村经济综合信息中心　李晓霜

关键词导读：雾/霾　气候因素

　　大家好，首先自我介绍。我的存在由来已久，你们知道近代我的影响力最大是在什么时候吗？那是在 1952 年的冬天，泰晤士河畔的伦敦，一场浓烟弥漫城市，仅仅 4 天时间就有 4000 多人死于这场灾难，这场灾难就有我的影子——讲到这里想必大家都已经猜到了吧，没错，我就是雾/霾，也被称为"无形杀手"。如果说杀手有等级的话，我应该是"王者级别"。

　　从伦敦到洛杉矶，从德国到日本，我的出现似乎是经济社会发展的同时人类必须付出的惨痛代价。凡是我出现过的地方，人们都出现了严重的健康问题，比如呼吸道、心脑血管疾病、癌症等问题频发。

悄悄告诉你们一个秘密，我的潜伏过程，本质上就是大气污染物富集的过程。比如颗粒物、卤化物、一氧化碳、有机污染物等。这些大气污染物通过机动车尾气、工业生产排放、垃圾焚烧等方式悄然出现。

但是为什么在冬天更容易出现雾/霾天气呢？因为冬天更容易出现稳定的大气层结，污染物不易扩散就会聚集在一起。

人类生存空间集中在近地面层，也就是对流层，热源的流向是太阳把热量给了地面，地面再发出长波辐射把热量给了对流层，所以对流层中离地面越近，温度越高，离地面越远，温度越低，所谓"高处不胜寒"就是这个道理。而在冬季，地面接收太阳辐射少，并且快速散热冷却，大气层冷却速度慢于地面，就会出现气温随着高度升高而升高的现象，这就是"逆温"现象。在这种情况下，垂直方向上风速基本为 0，湍流运动非常弱，污染物就会聚集在离地面 1～3 千米的空间内，形成雾/霾。

随着人们对我的研究不断深入，发现了我最大的敌人是风、湍流和降水。有风就能让污染物随风飘逝，有降水就能将污染物从空气中冲洗掉，而大气湍流能让污染物向四面扩散。

然而今时不同往日，近些年我出场的机会越来越少，人类和我争抢蓝天，通过产业、能源、交通、用地"四大结构"不断优化，大气污染防治工作持续推进。我只能暂时离开。真害怕有一天，在你们人类的打压下，我会永远退出地球这个舞台！

|贡嘎雪山下的乡村|

☀ "霾"的前世今生

四川省气象灾害防御技术中心 孙彧 王维佳 杨进

关键词导读：霾 霾的来源

在朋友圈曾看到过这样一个段子，有人骑着电马儿行走在成都的街头，会想象成自己在开飞机，因为马路两边全是祥云。当然，调侃归调侃，雾/霾污染的严重程度可见一斑。古希腊"医学之父"希波拉克底曾说，阳光、空气、水和运动是生命与健康的源泉。可见清洁的空气对我们人类有多重要！

可近几年，工业发展的推进，使得空气变得不那么清洁，雾/霾污染好像也成了老生常谈。"PM$_{2.5}$"和"霾"，"一洋""一土"两个名词先后为大家所熟知。那么，我们换个角度来讲讲霾，了解一下今天所说的霾古代有没有呢？霾在古代究竟是什么呢？

关于"霾"的解释，最早出自于2000多年前的战国，《尔雅·释天》上写道："风而雨土为霾。"（这里的雨为去声，意为从天上降落）。继《尔雅》之后，《毛传》将霾的定义简化为："霾，雨土也。"而东汉的《说文解字》上说："霾，风雨土也。"可见霾的基本性质亘古未变，皆与雨土有关。

三国人将"霾"解释为："大风扬尘，土从上下也。"尔后，直到清代，对于这一观点再无更新。从甲骨文字形来看，"霾"就是风雨交加、飞沙走石的天气现象。在古人看来，这如同天上掉下了"像猪又不是猪，像狗又不是狗"的大怪兽一样可怕呢。

讲到这里，您大概已经看出来了，古人说的霾其实就是我们通常说的沙尘天气。

而我们今天说的霾，是指大量的极细微的颗粒物浮游在空中使水平能见度小于10千米的空气普遍混浊现象，形成霾的微小颗粒物尺度可小了，

肉眼几乎都看不到的呢。

那么，霾是从何而来呢？由于一些人类活动，使得空气中充斥着过量的颗粒物。大量颗粒物争食水分使得雾难以形成，倒是为霾天气产生创造了条件。这些颗粒物主要来自于人类活动，如工业排放、汽车尾气、建筑扬尘等，此外，火山爆发、森林火灾、秸秆燃烧也会排放出一部分颗粒物。

构成霾的细颗粒物的重要组成部分是$PM_{2.5}$，它的直径小于或者等于2.5微米，比头发丝儿的1/30还细呢。与沙尘颗粒相比，它们更轻、更小，所以在空气中停留的时间更长，更容易被远距离传输，加之其活性强，易携带有毒有害物质，被吸入人体之后可以直接进入支气管干扰肺部气体交换，从而引发哮喘、支气管炎和心血管疾病。

大量污染物排放是造成霾的罪魁祸首，而逆温层的存在，更为霾创造了气象条件。

那什么是逆温层呢？通常，大气温度应该是随着高度递减的，但是逆温层却反其道而行之。逆温层好比一个锅盖罩在城市上空，使得近地面层空气不易产生上下交换，抑制大气对流，这样，污染物就不容易稀释扩散了。

在四川，由于盆地的特殊地形，同时存在的逆温层、风力小等气象条件，使得污染物更容易在近地面层堆积，使得霾更加严重。

讲到这里，相信你已经明白古代的霾与今日的霾同样都是影响能见度的视程障碍现象，而不同的是，前者主要是沙尘，不容易进入人体造成危害，后者主要是排放的大气颗粒物。

可喜的是，党和政府近年来大力推进生态文明建设，对于污染的整治已经有了一定的成效。有数据显示，全国重点区域城市中空气的$PM_{2.5}$、PM_{10}及SO_2等主要污染物浓度已呈逐年下降趋势。相信在各方努力之下，我们会打好这场蓝天保卫战！

| 成都烟火 | 陈敏　摄影 |

▌延伸阅读 ....●

四川省气象灾害预警信号——霾预警信号

霾预警信号分2级，分别以黄色、橙色表示。

（一）霾黄色预警信号

图标：

标准：12小时内可能出现能见度小于3000米的霾或者已经出现能见度小于3000米的霾且可能持续。

防御指南：

1.驾驶人员小心驾驶；

2.空气质量降低，人员需适当防护；

3.呼吸道疾病患者尽量减少外出，外出时可戴上口罩。

（二）霾橙色预警信号

图标：

标准：6小时内可能出现能见度小于2000米的霾或者已经出现能见度小于2000米的霾且可能持续。

防御指南：

1. 机场、高速公路等单位加强交通管理，保障安全；

2. 驾驶人员谨慎驾驶；

3. 空气质量差，人员需适当防护；

4. 人员减少户外活动，呼吸道疾病患者尽量避免外出，外出时戴上口罩。

|城市与远山|高良 摄影|

☀ "雾"漫漫，"霾"沉沉

绵阳市气象局　王一二

关键词导读：雾/霾定义　危害

"氤氲起洞壑，遥裔匝平畴。乍似含龙剑，还疑映蜃楼。"我本是千年以前就存在于诗人笔下那个常年身着乳白衣的"梦幻仙女"。岁月轮回，直至千年后的21世纪我都无忧无虑地飘荡在人间，来去自由。然而，就在近几年，来自人间的指指点点，总是让我忧心忡忡，彻夜难眠。

事情缘由还要从这里讲起：有一些穿着黄色或橙灰色外衣的妖孽——霾，总是打着我的旗号频繁出没，败尽了我原本在人间的好名声。或是因为我们长得过于相似，的确让我百口难辩。但仙女我本尊乃是"雾"也，是飘浮在空中的小水滴，当我出现时空气相对湿度相对较大，能见度也都低于1千米左右，但我持续时间比较短，对人们的生活和健康影响并不大，反而会有"云雾仙境"这种溢美之词褒奖于我。

而"霾"这妖孽，则是微小颗粒物，西洋人称 $PM_{2.5}$，它出现时空气相对湿度相对较小，能见度低于10千米左右。虽然它对能见度的影响并没有我厉害，但因为它不会变换、不会分解、不会沉降，持续时间长，对人间的危害是不容小觑的。

自古以来，我们雾的家族，在地面或水面"世代清白"。我们大多出没于深秋或初冬，尤其是深秋或初冬的早晨。由辐射冷却形成，常常出没于夜间和清晨的雾，被称为"辐射雾"；而另一种便是由暖而湿的空气做水平运动，当经过寒冷的地面或水面时，空气中的水蒸气逐渐受冷液化而形成的雾，被称为"平流雾"；有时兼有两种原因而形成的又被称为"混合雾"。

而霾，同样有一个庞大的家族背景：当今知名的有毒气体，如二氧化硫、一氧化碳和二氧化氮等都是它的亲戚。它们能轻松进入人的鼻腔，然

　　后经上呼吸道、下呼吸道，最终到达肺泡，洋洋得意地制造出"肺癌"这样的"杰作"。霾与它的家族还尤其喜欢对小朋友和老年人下手。当它笼罩人间时，搞得原本喜欢在户外嬉笑玩耍的孩童、开心晨练的老人们都只能关门闭户，不再轻易外出。

　　霾疯狂地肆虐横行，给原本和谐美好的人间带来"劫数"，但这本身也是人间多年以来不爱护环境而造成的恶果。随处可见的工程车、卡车、工厂、工地、重油烟基地等都对它们的出现起到"推波助澜"的作用！

　　"雾"漫漫，而"霾"沉沉。如此解释，尔等应该知晓"雾"并非"霾"也，往后休要将本仙与它做此等混淆！但是若是想要彻底封印了霾这"妖孽"，本仙倒是有一妙计：少砍树，多种树，减少污染，顺应自然规律，人人注重环保等的法子多用，长此以往，方可助人间逃过霾的"劫数"。

|世外梨源（金川观音桥）|陈和勇　摄影|

☀ 在天是佛，入地成魔

绵阳市气象局　赵洁

关键词导读：臭氧污染

它，吸收大量的紫外线，是护卫地球生物得以生存繁衍的屏障。没错，我只是说个开头，大家都能马上猜出它的名字——臭氧！但它实际上也是威胁人类健康的杀手，你又相信吗？

| 藏寨晨曦（拍于中路）| 韩锦燕　摄影 |

确实，我们所熟知的臭氧，是保护地球上的所有生物免受紫外线直接照射的保护伞；广泛用于人们生产生活各个领域的消毒杀菌；雷雨过后，雷电光化作用产生臭氧，加速有害气体的降解，空气清新自然……但如果因为这些，你就忽视它的危害，那可就掉进"圈套"了。人们所熟知的臭氧位于10～50千米的平流层，抵挡了大量的紫外线，从而保护了地球上的生物。而位于对流层的臭氧，也就是近地面臭氧，则主要是来自氮氧化物和挥发性有机物在适宜气象条件下的光化学反应，是一种有害气体。长时间直接接触高浓度臭氧的人，会出现疲乏、咳嗽、胸闷胸痛、皮肤起皱、恶心头痛、脉搏加速、记忆力衰退、视力下降等症状。

在晴朗的蓝天下，你以为空气会很好，但实际上可能你已经处在臭氧浓度超标的环境中了，我们称之为"臭氧污染"。根据中国《环境空气质量标准》：当臭氧1小时平均浓度超过每立方米160微克的时候，就是臭氧污染。臭氧污染的成因有两个方面：①汽车尾气、涂料和石油化工等工厂产生大量的氮氧化物和挥发性有机物；②适宜的气象条件，如气温高于20 ℃、强日光、低风速和低湿度等。这时，空气中的氮氧化物就会分解出游离的氧与空气中的氧气结合成不稳定的臭氧，而生成的臭氧再与特别多的氮氧化物和挥发性有机物相遇就会产生一个特别复杂的循环反应，导致生成的臭氧无法及时消解，浓度飙升，臭氧污染就这样诞生了。所以，一到每年的4月至10月，气象条件比较适宜，就会出现臭氧污染严重的时段。尤其是夏季，随着一天中光照增强，气温升高，臭氧浓度也会慢慢增加。中午时段臭氧浓度最高，待在户外的你如果感到头晕眼花，除了是中暑外，也可能是臭氧污染伤害了你。

如今，成渝地区夏季臭氧超标已不容忽视。2021年4月下旬，随着天空放晴，气温升高，四川就连续发布臭氧连片污染的预警。气象部门可以利用有利时机开展人工增雨作业进行干预，但更重要的还是减少氮氧化物和挥发性有机物的排放。我们该如何防护呢？我们应该养成查询当天是否有臭氧污染的习惯，尽量避免在污染的情况下外出，如果必须外出的话，那么请佩戴符合标准的活性炭口罩，保护我们的身体不受伤害。

☀ 大气中的"隐形杀手"

四川省人工影响天气办公室　郭晓梅

关键词导读：臭氧　污染

在我们的日常生活中，会有朋友疑惑，天气这么好也报污染，是在逗我吗？那么蔚蓝天空下到底是否存在大气污染呢？这就是今天我们要谈一谈的话题：大气中的"隐形杀手"。

说到空气污染，我们首当其冲想到的是什么？"雾/霾""PM$_{2.5}$""爆表""AQI"等。这些污染是因现代工业的兴起和发展，"三废"排放量不断增加所致。明明是蓝天白云，为什么监测到的空气污染指数依然很高呢？这就是"隐形杀手"——臭氧在作怪。

近年来，雾/霾在广泛的治理之下逐渐得到改善，而臭氧（O$_3$）却"成功逆袭"，经常霸占首要污染物的位置。臭氧又称为超氧，常温下，它是一种有特殊臭味的淡蓝色气体。之所以说臭氧是隐形的，是因为明媚阳光下的淡蓝色与"十面霾伏"的灰霾天气截然不同，给人以假象，难以发现。而称其为"杀手"更是因为臭氧污染可能会给人体带来急性伤害。

很多人可能奇怪，不是说臭氧会让空气变得清新吗？大气中的臭氧层还能阻止紫外线，为什么又成了污染物？其实自然界中一直存在着臭氧层，它在距地20~50千米的高空，因其可吸收99%的紫外线，被称为地球的保护伞，是我们人类的"好朋友"；而臭氧污染则是指现代粗放经济发展

情况下近地面臭氧浓度超标造成的空气污染，是大气光化学污染现象，是人为产物，是我们的"冤大头"。因此，臭氧素有"在天是佛，在地是魔"的风评。

近地面臭氧污染主要来源于人为作用和自然产生。自然形成的近地面空气中的臭氧，其中一部分来自于高空臭氧层的流入，还有一些来自于土壤、闪电、生物排放等，这些可以归为"天然源"，本来就在自然界存在；人为造成臭氧污染的主力军是"人为源"：燃煤、机动车尾气、石油化工等排放出的一次污染物。

工业生产及生活等排放到空气中的氮氧化物（NO_x）及挥发性有机物（VOCs），在紫外线的照射下，发生二次光化学反应。因其发生化学反应需要强烈的光照，臭氧污染具有明显的日变化，所以臭氧污染多发生在夏季午后，其浓度在每天 15 时左右达到最高。

"坏"臭氧一旦超标，将成为无形杀手，危害人体健康。臭氧吸入会强烈刺激人的呼吸道，造成咽喉肿痛、胸闷咳嗽，引发支气管炎和肺气肿；臭氧也会造成人的神经中毒，导致头晕头痛、视力下降、记忆力衰退；臭氧会对人体皮肤中的维生素 E 起到破坏作用，致使人的皮肤起皱、出现黑斑；臭氧还会破坏人体的免疫机能，诱发淋巴细胞染色体病变，加速衰老，致使孕妇生畸形儿等。

室外臭氧浓度高时，建议减少外出及室外活动，在室内也要避免开窗，尤其是儿童、老人、孕妇等体弱人群。平时适量增加体育锻炼，提高身体素质和免疫力。绿色出行，为减少机动车尾气排放出一份力。让我们一起携手共创美好的绿色家园！

| 米易 - 新山乡 |

雷电灾害及防护

 惊雷江湖令

四川省气象探测数据中心　李雪松
关键词导读：雷电　定位　监测

2021年6月17日晚上，响起了今年第一次春雷，一棵棵白色的桃树倒挂在天空中婀娜地绽放，上百千米的电流瞬间一次次地划破夜空，又一

|雷电｜张世妨　摄影｜

次次地恢复宁静。不得不感叹自然的力量，它不仅创造出了如此聪慧的人类，还能够造就如此壮观宏伟的场面，太震惊了。

雷电景观虽然很美，但是它仅属于天空，它一旦"下凡"，就是人间悲剧的开始。

2021 年 6 月 6 日，深圳一女子在家中被雷击导致四肢三度烧伤；7 月 5 日，山东一民房被雷击，两台电视被毁；8 月 3 日，沈阳一小区发生雷击，现场迸发大量火花……

实在难以想象，天空中的美景，居然让生命财产受到如此巨大的损失。我曾经亲眼所见，并排 8 根、相间 1 米、目测高度 20 米、直径大约 15 厘米的巨型避雷针一夜之间全部被拦腰击断。

我们都知道，雷电是云中自带的正电荷和负电荷相遇时复杂的放电现象，闪电定位仪就是在闪电发生后迅速定位其发生的位置的仪器。

怎么对其定位的呢？

在 3 个地方分别布局安放 3 台定位仪，任意两个位置，以两点中心为原点，建立临时坐标轴。闪电一旦发生，瞬间引起大气电场发生变化，信号以电磁波的速度发送至定位仪。仪器检测到电场的变化，并记录下检测的时间，两时间相减得到恒定值不变。电磁波传递的速度是光速，也恒定不变，因此，距离差为恒定值，按照得出的结论在坐标轴上画出一条双曲线，根据时间差是正值还是负值判断出是左边这条还是右边这条。同理，3 台定位仪，两两配对，每一组都有时间差，都能画出一条双曲线，而双曲线的焦点就是闪电在二维平面上的位置。

闪电有时候会在我们不经意之间，悄悄地、不经意地在我们身边发生一次巨响，那一声巨响唤醒了沉睡已久的生命，让阳光与生机再次相遇；那一声巨响改变了空气中分子的组成结构，甘露过境后帮助大地孕育万物生长；那一声巨响打破了世俗的沉寂，提醒人们再次反思过去和拥抱未来。

让我们用生命感受大自然的呐喊，让我们用设备记录下这一时刻，让我们一起见证每一次由大自然发起的世界改变之旅。

☀ 雷电大家族

四川省防雷中心　罗可妮　朱雅文　程曦

关键词导读：雷电种类　利弊

听了我的吼声，再看看我散发着光芒的身躯，你一定知道我是谁了吧？没错，我就是让你们望而生畏、又爱又恨的雷电。别看我登场的时间很短，每次只有 1/10 秒左右，可是我非常强大，我的表面温度为 17000～28000 ℃，相当于太阳表面温度的 3～5 倍。

正如小猪佩奇有一个大家族一样，我们雷电大家族也孕育了"4 位兄弟"，它们分别是直击雷、电磁脉冲、球形雷和云闪。下面就让我们来逐一认识一下这"4 位兄弟"。

"老大"直击雷，是带电云层与大地上某一点之间发生的迅猛放电现象，它的外形像大树的树根一样，苍劲而有力，是威力最大的雷电。据不完全统计，每年雷雨季节来临时，全世界有数千人遭到雷击，较高的建筑物每年也会被击中数十次。

接下来是"老二"电磁脉冲，它在雷电放电过程中产生的强大电磁场，会损坏电气设备和电子设备，对电视机、电脑、办公设备等弱电设备的破坏最为严重。据统计，每年被感应雷电击毁的用电设备事故高达千万件以上。可见，电磁脉冲的威力也不容小觑。

下面我要向您介绍一下"老三"球形雷，也叫球状闪电。人如其名，球形雷是呈圆球形的闪电球。它的平均直径为 25 厘米，颜色呈橙红色或红色，当它以特别明亮的强光出现时，我们也可以看到黄、蓝、绿、紫等颜色。球形雷一般很少出现，相对于普通雷电来说，它就显得有些神秘莫测了。

让我们再来认识一下"老四"云闪，它是云层内部、云与云之间的放电现象。那么云闪是怎么形成的呢？原来是因为同一云层中，不同部位的电荷不一样，这些电荷相互"掐架"，便产生了云闪。云闪虽然对人类危

害不大，但对微电子设备却极具杀伤力，所以也需要对其加强防备。

这些就是我们雷电大家族的成员，虽然我们有时候很调皮，让大家"闻雷色变"，但我们并不是"十恶不赦"的恶魔，在农业生产中我们还能发挥重大功效呢。张维屏不是曾说过吗，"造物无言却有情，每于寒尽觉春生。千红万紫安排著，只待新雷第一声。"所以，希望人类能把我们当成忠实的朋友，让我们雷电大家族为人类提供更多优质的服务吧。

| 火树银花 | 四川省气象局　供图 |

☀ 揭开雷电的神秘"面纱"

遂宁市气象局　蒋洁

关键词导读：雷电产生　利弊　防范

古往今来，人们对雷电都心存敬畏，以为天上有"雷公""电母"这样的"神仙"，还杜撰了"雷劈孽子"的故事。真的是这样吗？今天，我们就来揭开它的神秘"面纱"。

东周时期《庄子》有载："阴阳分争故为电，阴阳交争故为雷，阴阳错行，天地大骇，于是有雷、有霆。"到了18世纪，富兰克林通过风筝实验揭示了雷电其实是一种放电现象。雷电究竟是怎么产生的呢？在对流旺盛的积雨云中，冰晶和水滴随着空气对流不停地运动，摩擦生电，形成带电的云团，带着不同电荷的云团相遇，就产生了闪电，并且放出很大的热量，使周围空气受热膨胀爆炸，这就是雷声。闪电和雷声是同时发生的，只不过光速比声速快了100万倍，所以我们是先看见闪电，再听见雷声。

雷暴云产生的闪电分为4种，放电现象发生在雷暴云内部的叫云闪，在云和云之间的叫云间闪，在云顶及其上部的叫中层放电，这3种都是发生在天上的事儿，如果云向地面放电，那就是云地闪了，它是引发雷击事故的"主角"，可以击毁房屋、引起森林火灾，使供电线路短路，影响航行中的飞机，给人类带来巨大损失。

那么，我们应该如何防御雷电呢？教大家一个五字诀：

"避"：建筑物一定要安装避雷针和避雷带。

"躲"：远离高大孤立物体，躲入室内，并关好门窗。

"金"：不携带、不接触金属物品。

"关"：强雷电发生时，最好关闭通信和电器设备。

"蹲"：紧急情况时，要采取正确的避雷姿势，双手抱膝下蹲，尽量低下头。

如今，我们不仅能正确认识雷电，躲避雷电，还可以预报雷电。气象学家将雷电预警信号分为 3 个等级，分别以黄色、橙色、红色表示，有了这些秘籍，相信大家不会被"雷"到了吧！

当然，雷电的产生并不都是坏处，比如：产生了"火"，推动史前人类文明的飞速发展；制造氮肥，促进植物生长；制造负氧离子和臭氧分子，消毒杀菌，净化空气；蕴藏巨大能量，超级闪电发生的瞬间，功率最高可达 10 亿焦耳，大约是三峡水电站的 50 倍。虽然我们还没有研究出利用雷电的方法，但是我相信，随着科学技术的不断进步，将雷电作为一种新能源使用，未必没有可能。气象如此奥妙，等你一同探索，关注天气，关注安全，关注生活！

|草原风暴|杨富春　摄影|

四川省气象灾害预警信号——雷电预警信号

雷电预警信号分3级，分别以黄色、橙色、红色表示。

（一）雷电黄色预警信号

图标：

标准：6小时内可能发生雷电活动，可能会造成雷电灾害事故。

防御指南：

1. 政府及有关部门做好防雷工作；
2. 密切关注天气变化，尽量避免户外活动；
3. 暂停露天集体活动和高空等户外作业。

（二）雷电橙色预警信号

图标：

标准：2小时内发生雷电活动的可能性很大或者已经受雷电活动影响且可能持续，出现雷电灾害事故的可能性比较大。

防御指南：

1.政府及有关部门落实防雷应急措施；

2.人员应留在室内并关好门窗，户外人员应进入有防雷设施的建筑物或者车内暂避；

3.暂停露天集体活动和高空等户外作业；

4.切断危险电源，远离金属门窗，不要在树下、电杆下、塔吊下或者山顶停留或者躲避；

5.在空旷场地不要打伞，不要把农具、羽毛球拍、高尔夫球杆等金属物品扛在肩上。

（三）雷电红色预警信号

图标：

标准：2小时内发生雷电活动的可能性非常大或者已经有强烈的雷电活动发生且可能持续，出现雷电灾害事故的可能性非常大。

防御指南：

1.政府及有关部门做好防雷应急抢险工作；

2.留在室内并关好门窗，户外人员到有防雷设施的建筑物或者车内；

3.暂停露天集体活动和高空等户外作业；

4.切断危险电源，远离金属门窗，在空旷场地不要打伞，不要在树下、电杆下、塔吊下或者山顶停留或者躲避，不要把农具、羽毛球拍、高尔夫球杆等金属物品扛在肩上；

5.切勿接触天线、水管、铁丝网、金属门窗、建筑物外墙，远离电线等带电设备和其他类似金属装置；

6.不使用无防雷装置或者防雷装置不完备的电视、电话等电器，雷电时关闭手机。

☀ 空中的"大佬"——雷暴

雅安市气象局　钱正迪

关键词导读：雷暴天气　航空　预警

某天，我在家里刷着朋友圈，突然看到这样的抱怨：说的是一位旅客的航班因天气原因延误，便不断地向乘务员抱怨道，我看了《中国机长》，人家电影里挡风玻璃碎了还能穿雷暴云，你们怎么就不能飞了呢？作为一名预报员的我，看到这儿可是有话要说。

这当中提到的电影《中国机长》是以川航 3U8633 真实事件为蓝本，在影片中最危险的时刻就发生在飞机穿越雷暴云团时，机长刘传健在前后都是绝路的情况下，临危不惧，在雪山上空盘旋，直到雷暴云体分裂后，从中间穿过，最终顺利降落。不过大家可能不知道，现实中飞机并没有遇到电影中的雷暴，当天其实是晴天，而这一段是导演基于电影的艺术加工。

影片中的雷暴被誉为飞机的天敌，是世界航空界和气象部门公认的严重威胁航空飞行安全的重要因素。据美国民航近年来因气象原因发生的飞行事故分析统计，48 起飞行事故中就有 23 起与雷暴有关，占事故总数的 47.9%。

而雷暴其实是夏季常见的一种天气现象，通常由对流旺盛的积雨云产生，由于积雨云强烈发展，常伴有闪电、雷鸣、暴雨和大风，有时还会出现冰雹、龙卷风等灾害性天气。

雷暴天气发生时，很多航班都会延误或取消，那么雷暴究竟对飞行造成了哪些影响呢？

雷暴云中的上升和下降气流，会对飞行造成严重威胁，特别是成熟阶段的雷暴云，最强上升气流可达 50～60 米 / 秒，和台风不相上下。

航空器在雷雨区内飞行，飞机会产生严重颠簸，使得飞机高度在几秒内升降几十米到几百米。

　　而雷暴天气中，闪电是最常见的状况，会影响电磁场，严重时飞机仪器失真，会导致飞机操纵困难甚至失控，是导致飞机事故最危险的情况之一，轻则人机损伤，重则机毁人亡。

　　真实情况中，气象、空管和机场都会提前预警该类天气系统，从而选择规避该航线或暂停起飞；如果飞机在空中遇到了雷暴云，最佳的处理方法是躲开它，当然也有那种怎么都绕不开，或者雷暴云正好覆盖在机场上空的情况，这时就需要机长根据油量和天气情况做出判断，是返航、备降还是原地绕圈等待，这时往往就会发生航班延误。

　　听我说完，如果您以后出行时，再遇到天气原因导致的航班延误，是不是也就更加能够理解和体谅民航部门呢？延误飞行是不得已，更是为了您和您亲人的安全呢。

| 电闪之光 | 张世妨　摄影 |

☀ 揭秘"球状闪电"

四川省防雷中心　谢亚雄

关键词导读：球状闪电　特点　成因

炎炎夏日，正是雷雨的高发季节，今天我们来聊一聊一种特殊的闪电。

球状闪电，也叫球形闪电或者球形雷，民间又多称之为"滚地雷"。北宋时期我国著名的科学家沈括曾经在《梦溪笔谈》中描述了一次球形闪电的实例：在一个雷雨交加的夜晚，突然，一团火球从天而降，滚进了一位李姓官员的家中，把这家人屋里的墙壁窗纸都熏成了一片漆黑，屋内一把宝刀竟然被熔成了铁水！然而房屋内的其他设施却安然无恙，这在当时也成为一件奇闻。无独有偶，在张居正所著《张文忠公全集》里也有类似记载。

沈括笔下所记载的"火球"，便是球状闪电了。很久以前，人类就开始对它进行各式各样的记录，在众多的图像资料及视频中，我们所看到的红色以及蓝绿色的"火球"就是球状闪电了，可能由于拍摄手法所限及环境的影响，显示效果并不是非常清晰，但它们都是发生在我们身边的真实案例。

这种神秘的自然现象究竟是怎么一回事呢？实际上，球状闪电就是闪电形态的一种，它们的直径大多数在10～40厘米，个头不算大，颜色大多呈白、橘黄色或者蓝绿色。虽然外观绚丽，但它们的寿命却很短暂，最短的可能只有几秒钟，也就是一眨眼的工夫，它就消失不见了。

球状闪电不仅外观独特，行走路线也是十分具有个性的：它们可以随气流起伏在近地空中自在飘飞或逆风而行；有的会突然在地表出现，然后一边旋转一边沿着地表迅速滚动。它们可以穿过门窗，像小偷一样悄悄溜进室内，然后静静地消失，不会打扰主人；有些脾气可就不太好惹了，它

们不仅会发出令人毛骨悚然的电流声，还会在消失时发生剧烈爆炸，给周围的环境造成巨大的破坏。

说到这里，球状闪电的形成原理究竟是什么样的呢？关于它的成因，科学界依然存在很大的争议，至今没有一个统一的说法。有一种观点是这样认为的：在雷雨天气里，当发生普通雷电的时候，闪电通道里的空气温度很高，在强大的闪电电场之下，空气里的水蒸气被迅速分解为氧离子和氢离子，这些氧离子和氢离子形成了一个个空气等离子球，待闪电停止后，有一些氢氧离子会有极低的概率重新进行化合，在这个过程中释放出能量，并产生了光，便形成了球状闪电。

相信大家都听说过我国科幻作家刘慈欣所著的《三体》或《流浪地球》，他还有一篇非常有名的小说就叫《球状闪电》。这部小说以球状闪电为载体，向我们展现了一个独特、神秘而离奇的科幻世界。也许在未来的某一天，球状闪电能够真正被我们的科学理论所解释和利用，进而为人类社会的发展做出贡献。

| 甘孜星空 | 张世坊 摄影 |

|城市雷电|四川省气象局 供图|

☀ 一声春雷响，岁月惊起魂

巴中市气象局 杨雪

关键词导读：春雷 特点 气候调节 利大于弊

"轰隆"一声巨响，犹如千万匹战马飞奔而来，踏石飞溅，震动天地。我甚至可以感到，这一股强大的声波夹着那不可阻挡的气势，从我的四周激荡而过。整个屋子，不，整幢楼都为之一颤。轰隆隆的雷声，由近到远，然后又由远到近，好像春姑娘的脚步声，踏着云朵，踩着雨点，正向我们走来。

"春雷"其实只是一种老百姓的叫法，是指发生在初春时节的雷电天气。一般在惊蛰过后较为常见。在气象学上，并没有"春雷"的定义，我们把所有的雷电现象都叫作雷暴。强雷暴一般会带来短时强降水、瞬时大

风、大冰雹和龙卷等极端天气。在这个"暴脾气"的雷暴家族中，春雷往往会为农作物生长助一臂之力。

先问大家一个问题，雷雨天气出现的时候，先看到闪电还是先听到雷声呢？我听到很多不同的回答，有的说先有雷声再有闪电，有的说先有闪电再有雷声，其实雷声是闪电发生后 0.1～0.3 秒空气冲击波演变成声波，这就是我们听见的雷声；随着声波不断地向外扩散，能量衰减越来越多，雷声也变得越来越沉闷。

雷是自然现象中的一种，天空中带不同电的云相互接近时，产生的一种大规模的放电现象。在科学定义上，雷指闪电通道急剧膨胀产生的冲击波退化而成的声波，表现为伴随闪电现象发生的隆隆响声。

春雷常常是在有持续性阴雨时期出现，从地面可以看到乌云布满全天。由于云系发展不高，强度不大，还是以打雷闪电为主，很少带来大冰雹、强降水，只在局部可能出现大雨，山区偶有小冰雹等。总体而言，春雷很少带来灾害。

春雷年年出现，但每年情况都不一样。由于雷暴天气常常给人们带来灾难，所以人们总是认为雷电一无是处，其实不然，它们也有美好的一面。春季的雷雨天气对农业生产、气候调节还是很有好处的。

"好雨知时节，当春乃发生"，春雷往往伴随一定降水，而且这种降水相对比较"温婉"，尽管有时可能会持续的时间比较长，但不具有什么"杀伤力"。"渴"了一个冬天的大地，此时正好"裂"开嘴，等待降水的到来，好"一饱口福"。再有，春雷造成的闪电会有强大的电流和高温，可以使空气中的氮气与氧气化合为一氧化氮和二氧化氮，再经降水溶解为浓度不高的亚硝酸和硝酸落到"地球妈妈的怀里"，变成能被植物直接吸收的氮肥。这无疑是给农作物打上了一针"强心剂"，所以有时候农民朋友会感觉雷雨过后庄稼似乎长得更好了。此外，雷电还能制造出被称为空气"维生素"的负氧离子，负氧离子可以起到消毒杀菌、净化空气的作用，使得大气环境格外清新，令人心旷神怡。总的来说，春雷带来的影响是利大于弊的。

☀ 冬雷真的是不可能的吗？

广安市气象局 蒋靖

关键词导读：冬雷 形成原因 趋利避害

在日常生活中，很多的天气现象都是常见的，如"过江千尺浪"的风；"千条万条线"的雨；"冬天白茫茫，夏天都不见"的雪花；还有"大豆小豆从天撒"的冰雹。夏天打雷、冬天下雪，这是常识。但是有一种天气现象打破了天气常识，成了人们口中的吉凶祸福的征兆，就叫冬雷！一般称为"冬打雷"或"雷打冬"。

提到冬雷，就不得不提到汉乐府的《上邪》。原文是这样的："上邪！我欲与君相知，长命无绝衰。山无陵，江水为竭，冬雷震震，夏雨雪，天地合，乃敢与君绝！"文中用五件不可能发生的自然现象来表达对爱情的忠贞，那么冬雷是真的不可能吗？在古代冬雷天气发生时，且恰逢某些灾难，一时间沸沸扬扬，人心惶惶，所以当时人们就认为冬雷出现一定是噩兆。而出现这样的情况，主要是古人认知能力有限，无法科学解释天气现象，主观认为一切异象皆与人事相通，甚至套之以鬼神。

因此又有民间谚语：冬雷震动，万物不成。冬至日雷，天下大兵，盗贼横行。冬天打雷，十个牛栏九个空。至此将冬雷与噩兆画上了等号。

比如，2020年11月24日，在四川广安就出现了冬雷，人们议论纷纷。我记得当时被朋友圈刷屏，以下两种声音是最多的：一为"何方道友在此渡劫"？二为冬天打雷是不是预示着什么灾难要发生？

其实雷电是一种常见的天气现象，一年四季都会打雷，冬天少见。雷电形成要有3个因素：首先，空气中要有充足的水汽；其次，要有使暖湿空气抬升的动力；最后，空气要能产生剧烈的上下对流运动。

在冬季，由于受大陆冷气团控制，空气寒冷而干燥，太阳辐射弱，气流运动速度缓慢，不容易形成剧烈对流，因而很少发生雷电。但当冬季天

气偏暖，暖湿空气势力较强，同时偶遇了强冷空气南下，暖湿空气被迫抬升，垂直方向对流加剧，原有的大气层结稳定被打破，下层相对暖湿的空气迅速上升，与上层的冷空气团发生碰撞挤压，从而引起强烈对流，进而产生了电闪雷鸣和降雨，出现所谓"雷打冬"。"冬雷"不过是一种天气现象，因其形成的条件在冬季不容易发生，所以少见，但跟凶吉祸福之象毫无关系，也不用大惊小怪！

天气与我们的生产生活息息相关，小到衣食住行，大到国家建设。新时代的气象人已基本掌握了各种天气现象的原理以及气候变化的规律。天气也不再是陆游笔下的"风雨雷雹之变，有不知也"。在全球气候变暖和极端气象灾害多发、频发、重发的态势下，让更多的人了解气象防灾减灾知识和掌握应对气候变化的技能，减少灾害带来的损失，已经成为我们科普工作者的首要任务和工作目标。同时，随着气象科学的不断发展，我们坚信在将来的某一天，在遵循自然法则的前提下，气象人可以利用气象科技趋利避害，驾驭风云雷电，造福人类，让生活变得更加美好。

| 甘孜藏族自治州康定市野牛沟雾凇 |

☀ 把雷电之脉，问防护之诊

凉山州气象局　梁建辉

关键词导读：雷电　防护

在今天的气象科普知识讲解开始之前，请大家和我一起欣赏一段简短的视频。通过视频大家可以看到，仅靠雷电的力量，就足以以一敌百，可见雷电的力量是多么强大。

雷电是自然界一种雄伟的气象现象，它包含的种类很多，今天，我们就来具体说说雷电当中的一种——直击雷。那么，到底什么是直击雷？它能造成什么样的后果？

通俗来讲，在雷电所含的分类中，直接击中大地的闪电就叫直击雷。直击雷在落向大地的时候，通常会伴随着巨大的电流和高温。在刚才的视频中大家已经看到，在直击雷直接落向大地的时候，树木、房子、车辆等都遭受了巨大的损坏，那么怎么对直击雷进行有效的防护呢？

关于直击雷的防护，就不得不说说下面两个方面：①富兰克林实验的启示。富兰克林风筝实验让人们重新认识了天上的雷电原来和人们生活中的电是一样的，我们不仅可以捕捉到天上的电，而且可以利用天上的电。②基于电场畸变原理的防直击雷技术的实际运用。

电场畸变原理告诉我们，虽然不能准确判断直击雷的落点，但却可以判别直击雷的大致落点区域。根据空间内物体对电场的畸变影响，防雷技术人员会优先考虑在畸变区域大的一侧进行防雷设施的安设，来达到防直击雷的作用。

1752年6月，英国科学家富兰克林和他的儿子（也是他的助手）一起，在一个雷雨交加的夜晚，在一个空地上放了一个风筝。天上的闪电击中了风筝，闪电通过风筝的线，传到了他的手上。富兰克林用天上引下来的闪电进行了很多的科学实验，最后发现，原来天上的闪电和人们生活中的电

具有一样的性质。富兰克林的风筝实验和他后续对闪电的研究成果，在直击雷的防护中给了我们很好的启示：一是闪电也就是我们说的直击雷是可以运用人工的方法将它引下来的；二是天上的闪电和人们生活中的电具有相同特性。

随着前沿科学的发展，人们发现一个很奇特的现象。电场畸变就是在电场中，如果有良导体存在，那么，良导体会使电场发生畸变，会导致电场中电流改变原有的方向，向良导体或者说是向电场畸变大的方向靠近。

大家可以看到，实验模型中有一道闪电，在我放入第一块良导体的时候，闪电的方向发生了变化，靠近了良导体一侧；当我放入第二块稍大一点的良导体时，闪电的方向发生了变化，靠向了稍大一点的良导体一侧；当我放入最大的一个良导体时，闪电远离了前面两个良导体，靠向了最大的这个导体一侧。

在这个实验当中，我们可以清楚地看到，闪电会因为空间中的良导体的形状、大小而改变原来的方向。

在原来的空间中，直击雷可能会击中树木、房屋等，但当在空间中引入更大的良导体后，直击雷就会改变原有的方向，而靠近所谓更大的良导体。在现代的气象科学中，人们也正是利用了上述发现的奇特电流现象，而建立了许许多多有效的防直击雷手段，比如在房顶加装接闪带、接闪针或者是建造独立的接闪塔等。

那么对于我们行人而言，有效的防护措施就是在雷雨天气尽量不要靠近室内外的金属管线；不要在旷野中使用带有金属物体的雨伞、锄头；不要靠近树木、烟囱和高大金属物体；不要在室内外接打电话等。

生命不止，科学不息。一代一代气象工作者以科学技术为手段，监测自然，努力应对自然对人类的威胁，在气象与科学的发展当中，不断前行。

☀ 防雷计

眉山市气象局　罗静兰

关键词导读：雷电活动　防雷秘诀

相信小时候我们都有过这样的经历：一听见雷声就吓得捂住耳朵或往父母怀里躲。大家常说"防风防雨防雷电，气象科普是关键"。作为一线业务气象人，今天我就要给大家讲讲雷电灾害及防御那些事儿。

雷电是伴有闪电和雷鸣的一种雄伟壮观而又有点儿令人生畏的放电现象，它是自然灾害的十大诱因之一。

|峨眉山市符溪新站全景｜张世妨　摄影｜

雷电灾害是指雷电产生对人员、牲畜、建筑物、电子电器设备等的损害，以及引起火灾和爆炸事件。它是危害仅次于暴雨洪涝和滑坡塌方的一大气象灾害。雷击现象经常发生在河岸、地下水出口处、山坡与稻田接壤的地方。易受雷击的物体主要有加油站、输电线、电脑网络、变压器等电子设备，以及高大孤立物体和旷野劳作人员。

我国雷电活动十分频繁，具有发生频次多、突发性强、影响范围广、危害严重的特点，且主要呈现南多北少的分布特征。其中，海南、广东、广西、云南、青藏高原中部属于雷电高发地区，年均雷暴日数超70天；新疆、内蒙古等地雷电稀少，年均不足20天。四川川西高原雷暴日多在50天以上，盆地一般在30～40天，并且以夏季发生最多。据统计，1998-2004年全国雷电灾害事故呈逐年增加的趋势，并且受灾行业扩大，事故损失增加。四川发生的雷击事故也不少：2010年6月，凉山6名放牧人遭雷击不幸身亡；2012年7月，雷击导致阆中天然气泄漏，引发井喷起火事故；2017年5月，凉山雷击引发森林大火。

雷电作为一种自然现象，我们不能阻止它的产生，但是可以采取有效措施预防和减少雷击灾害。下面一起来看看个人防雷电十大秘诀。第一，当雷暴发生时应留在室内，并关好门窗；在室外工作的人员及时躲入建筑物内。第二，不宜使用无防雷措施或防雷措施不足的电视、音响等电器，不宜使用水龙头。第三，切勿接触天线、水管、铁丝网、金属门窗、建筑物外墙，远离电线等带电设备和其他类似金属装置。第四，不宜使用电话和手机。第五，切勿游泳或从事其他水上运动，不宜进行室外球类运动，要离开水面及其他空旷场地。第六，切勿站立于山顶、楼顶上或其他接近导电性高的物体。第七，在旷野无法躲入有防雷设施的建筑物内时，应远离树木和桅杆。第八，切勿处理开口容器盛载的易燃物品。第九，在空旷场地不宜打伞，不宜把农具、羽毛球拍、高尔夫球杆等扛在肩上。第十，不宜开摩托车、骑自行车。

当雷暴发生时您若在户外，如果躲避条件不允许，应立即双膝下蹲，向前弯曲，双手抱膝。

☀ 躲在汽车里防雷击靠谱吗？

自贡市气象局　刘思宇
关键词导读：汽车防雷　法拉第笼

每年惊蛰之后，雷电开始登上天气的舞台。而在雷电防御措施中，会提到一条：在户外遇到雷电时，最好躲进密闭的汽车里。那么，问题来了：汽车为什么能防雷，它真的是躲避雷击的理想之地吗？

汽车遭雷击后完好无损？

很多人也许都看到过这么一段实拍视频：一辆汽车雷雨天在高速公路上疾驶，突然被一道从天而降的闪电击中！让人意外的是，被雷击中的汽车竟然依旧能够安然无恙地继续行驶！再从网上一搜索就会发现，类似的视频还不只一个。由此可见，汽车不怕雷击真的并非偶然事件。这是为什么呢？有关专家指出，这跟"法拉第笼"效应有关。

法拉第笼：防雷击的"金钟罩"？

汽车"不怕"雷击是因为"法拉第笼"的存在。那么，什么是"法拉第笼"呢？"法拉第笼"是一个由金属或者良导体形成的笼子，金属笼子会因为外围电场的变化而感应出对应的电荷或者电流，从而将外电场阻挡在外面。而金属本身是个等电势体，笼子内部不存在电势差，也就是笼子内部不会产生电压，所以人在里面是安全的。这是物理学家迈克尔·法拉第在1836年发现的，因此被命名为"法拉第笼"。

根据"法拉第笼"效应，我们对汽车"不怕"雷击的原因也就不难理解了。汽车外壳是金属制作的，这十分接近于"法拉第笼"的条件。当驾驶员在雷雨天行驶时，即便很不幸地被雷电击中，由于"法拉第笼"效应的存在，汽车内部的电磁环境基本不受影响，车内的人就可以安全待在里面。同时，雷电流会借助雨水通过车体表面达到车轴的位置，通过潮湿的轮胎很快就会将电流传递到地面。所以，车内变成了在室外较为理想的避

| 移动气象雷达车 |

雷场所。

　　但是，需要注意的是：行车过程遭遇电闪雷鸣时，最好及时把车辆停到路边安全的地方，远离大树、广告牌等，关掉引擎、音响、收音机，并关闭所有车窗，使车辆形成一个完全封闭的空间。不要去触摸车窗把手、换挡杆、方向盘，等待雷电天气远离。

　　防雷减灾，服务民生。让我们一起把气象科普宣传做得更好！

☀ 雷，打不动的《防雷秘籍》

四川省防雷中心　张婧雯　刘畅　吴容
关键词导读：雷电形成　防雷知识

每年春暖花开时，也是每年春雷萌动时，乌云密布，电光闪闪，雷声隆隆，雷电给人以神秘感的同时，又具有很大的破坏力。广东省"小蛮腰"、柏林电视塔、巴西耶稣山上的耶稣雕像，都曾上演过那年，那"雷"，那些事儿。雷灾会对建筑物、人员等造成伤害。但它也有"善良"的一面。闪电不仅是一种无污染能源，可以直接制造出大量称作"空气维生素"的负氧离子净化空气，还能形成天然氮肥，促进植物生长。

那么如此神奇又强大的雷电，它又是如何形成的呢？雷电的秘密其实很简单。雷电产生于积雨云中，云中某些带正电荷的云团和带负电荷的云团，由于异性电荷的剧烈中和，会出现很强的雷电流，并随之发生强烈的闪电，空气也因被瞬间加热膨胀发出巨响，这就是雷电。

可是总听到人说："有时只看到闪电，或者有时只听到雷声。"这是为什么呢？其实"雷公电母"这对"欢喜冤家"是分不开的，它们总是相伴而行。只看到闪电可能是因为你距离闪电发生的地方太遥远了，而听不到雷声；而只听到雷声，也许是因为云层过厚或者闪电亮度不够。

"雷公电母"如此威力十足，我们又该如何防范呢？对建筑物而言，"内功心法"的原则就是：给闪电放电电流提供一条低阻抗的通道。闪电似洪水，开渠以泄流，即将"雷"引入大地，将能量传给零地势，从而保护建筑物。日常生活中我们看到建筑物自上而下的避雷针、避雷带、引下线等都是"内功心法"的要素之一。

人员防雷，你真的做对了吗？如果雷雨天你在室内，那么请关好门窗；尽量不要使用电器，最好断开电源和插头；不要使用太阳能热水器洗澡；切勿接触天线、水管等金属装置；避免上网和使用家里的固定电话。

如果雷雨天你在户外，你需要选择一个地势较低的地方避雷，不要让自己太突出，"枪打出头鸟"就是这个原理。正确的避雷姿势：首先，需要双脚并拢下蹲，因为如果双脚分得很开，会形成"跨步电压"，造成触电的危险；其次，手掌不要撑地，双手抱膝，胸口紧贴膝盖，身体与地面的接触面越小越好。如果行走，应低头屈身前行，速度不宜过快，迈步时双脚要尽量靠近，同样也是为了防止"跨步电压"的形成。在户外还

| 落下闳观星 |

需注意的是：远离一切金属物体；不要进入无防雷装置建筑物；不要躲在树下，记住"大树底下只适于乘凉"；不要停留在山顶山脊或建筑物顶部；不要在水面钓鱼、划船和游泳等；不宜高举雨伞、鱼竿等细长突出人体的物体。

雷雨天驾车很危险，是真的吗？其实这不是真的！因为车壳是金属的，这恰好十分接近"法拉第笼"条件。我们有了这件"金钟罩铁布衫"，就算不幸被雷电击中汽车，由于"法拉第笼"效应的屏蔽作用存在，汽车内部人员仍然会是安全的。所以，车内是在室外较为理想的避雷场所。但是，雷雨天如果是骑自行车或者骑摩托车，那就真的很危险了。

强对流及防范

☀ 大气圈的"灭霸"——龙卷风

自贡市气象局　吕用洋

关键词导读：龙卷风定义　形成

"谁曾见过风，你我皆不曾，但晓万物垂梢首，便晓风来过。"风对我们来说，一般是看不见的，但今天我要给大家介绍一种看得见的风，它是大气圈的"灭霸"——龙卷风。为什么要叫龙卷风"灭霸"呢？因为它威力无比，破坏力极强。

下面我们先来看两个事件：2013年5月20日，当地时间下午，美国中部俄克拉何马城郊区遭遇强劲龙卷风袭击，至少造成91人死亡、233人受伤，一所小学被夷为平地。2016年6月23日，江苏盐城部分地区遭受龙卷风袭击，造成99人死亡、800多人受伤。这些血淋淋的数据让人不寒而栗，为了把龙卷风造成的危害降到最低，我们有必要客观地认识它、防范它。

那么，什么是龙卷风呢？龙卷风是一种少见的、强烈的、小范围的、突发性的大气涡旋，通常形成上大下小的漏斗状，延伸至地面，一般伴有雷雨，有时也伴有冰雹。龙卷风一般持续十几分钟到几小时，其直径几米到数百米不等，它移动的速度非常快，每小时可达50～200千米，中心风速每秒可达100～200米。

全世界每年出现上千个龙卷风，大部分发生在南北纬20～50°的中纬度地带。在我国，龙卷风主要发生在东部平原地区，多发于春、夏季的午

后到傍晚。

那么，龙卷风是如何形成的呢？龙卷风是雷雨云的"熊孩子"，多发生在高温高湿的不稳定气团中。那里空气扰动得非常厉害，上下温度差相当悬殊。这种温度差使冷空气急速下降，热空气猛烈上升，二者互相撞击向上倾斜；同时云底中心气压变得很低，四周空气迅速向中心填补，气流旋转起来形成旋涡，速度不断加快，这股气流也变得越来越细，并开始向下伸展，就形成了龙卷风的核心，当向下发展的涡旋到达地面高度时，地面气压急剧下降，风速急剧上升，形成了完整的龙卷风。

龙卷风虽然在我国不多见，但如果非常不幸遇到了龙卷风，我们应该如何应对呢？

核心一个字就是"躲"！！！

围绕这个"躲"，我们又分为"低""固""远""逃"。

"低"很好理解，往低处躲，在楼上往楼下躲，在楼下的往地下室躲。在户外，找低洼处躲。

"固"是指哪儿坚固往哪儿躲，如厨房、卫生间等。

"远"是指远离门、窗和外围墙壁，远离大树、电线杆等。

"逃"是指在户外遇到龙卷风，往其移动方向的垂直方向逃。

对于龙卷风这类气象灾害，现代天气预报可以通过高频率观测对其进行预警。大家日常应关注天气预报，一旦收到与龙卷风相关的强对流天气预报预警，应立即采取相应防范措施。

| 若尔盖草原日落 | 陈敏 摄影 |

四川省气象灾害预警信号——大风预警信号

大风预警信号分4级，分别以蓝色、黄色、橙色、红色表示。

（一）大风蓝色预警信号

图标：

标准：四川盆地24小时内可能受大风影响，平均风力可达6级以上或者阵风7级以上；或者已经受大风影响，平均风力为6~7级，或者阵风7~8级并可能持续。

防御指南：

1. 政府及有关部门做好防御大风的准备工作；

2. 关好门窗，加固围板、棚架、广告牌等易被风吹动的搭建物，切断户外危险电源，妥善安置易受大风影响的室外物品，遮盖建筑物资；

3. 暂停露天集体活动和水上作业，航行船舶回港避风；

4. 注意行路、行车安全，刮风时不要在广告牌、临时搭建物等下面逗留。

（二）大风黄色预警信号

图标：

标准：12 小时内可能受大风影响，平均风力可达 8 级以上或者阵风 9 级以上；或者已经受大风影响，平均风力为 8～9 级，或者阵风 9～10 级并可能持续。

防御指南：

1. 政府及有关部门做好防御大风工作；

2. 停止露天活动和高空、水上等户外危险作业，危险地带人员和危房居民转移到避风场所暂避；

3. 航行的船舶采取防风措施，加固港口设施，防止船舶走锚、搁浅和碰撞；

4. 切断户外危险电源，妥善安置易受大风影响的室外物品，遮盖建筑物资；

5. 机场、高速公路等单位采取措施保障交通运输安全，有关部门注意森林、草原等防火。

| 甘孜风光 | 罗振远　摄影 |

（三）大风橙色预警信号

图标：

标准：6小时内可能受大风影响，平均风力可达10级以上或者阵风11级以上；或者已经受大风影响，平均风力为10～11级或者阵风11～12级并可能持续。

防御指南：

1.政府及有关部门适时启动抢险应急预案，做好防御大风的应急和抢险工作；

2.房屋抗风能力弱的学校和单位停课、停业，人员减少外出；

3.暂停高空、水上和户外作业，航行的船舶回港避风，加固港口设施，防止船舶走锚、搁浅和碰撞；

4.切断户外危险电源和广告招牌电源，妥善安置易受大风影响的室外物品，遮盖建筑物资；

5.机场、铁路、高速公路、航运等交通运输单位采取保障交通安全措施，有关部门和单位注意森林、草原等防火。

（四）大风红色预警信号

图标：

标准：6 小时内可能出现平均风力达 12 级以上的大风或者已经出现平均风力达 12 级以上的大风并可能持续。

防御指南：

1. 政府及有关部门启动抢险应急预案，做好防御大风的应急和抢险工作；

2. 人员停留在防风安全的地方，不要随意外出；

3. 回港避风的船舶安排人员加固或者转移到安全的地方；

4. 切断户外危险电源和广告招牌电源，妥善安置易受大风影响的室外物品，遮盖建筑物资；

5. 机场、铁路、高速公路、航运等交通运输单位采取保障交通安全的措施，有关部门和单位注意森林、草原等防火。

| 平通羌族乡椒子山云海 |

☀ 等风来，等风停

中国民航西南地区空中交通管理局气象中心　俞涵　徐海
关键词导读：低空风切变　下击暴流

　　想必大家都会有这样的经历，怀着愉快的心情去旅行，却被无情地告知乘坐的航班因为天气原因被延误。但一看天空明明既没打雷，又没下雨，没有起雾，而且还艳阳高照，连忙查了目的地的天气发现那里也是如此。你百思不得其解，甚至有时还会想，是不是有什么不可告人的原因，所以把"锅"甩给了天气。但此时天气表示，这"锅"我还真是得背一背。

　　导致航班延误的天气除了我们所熟知的雷暴、强降水、冰雪、低能见度外，有时候风也会导致航班延误。

　　飞机的起飞着陆，通常要求在逆风条件下进行。因为逆风可使离地升力和着陆的阻力增加，缩短滑跑距离。顺风时，情况则相反，滑跑距离会增加，甚至会出现着陆时冲出跑道的情况。中国民航规定，一般不在顺风大于 3.5 米/秒的情况下进行起降。有些只能单方向运行的西部高原机场，会出现因为顺风过大，飞机无法起降，而导致航班延误的情况，此时我们都希望顺风能够赶快停下来，逆风能够快点到来。

　　放风筝想必大家都很熟悉，在一些情况下，你会发现风筝本来飞得很

平稳，突然之间却开始摆动和翻滚，有时像是出现了一个隐形的"杀手"，将风筝的结构破坏，坠落地面。如果我们将风筝比作是飞机，那么那个会使飞机航迹偏离，破坏飞机稳定性，甚至使飞机坠毁的"隐形杀手"就是低空风切变。

低空风切变是指近地面 600 米高度以下的风向和风速的变化，具有水平范围小、持续时间短、发生突然等特点，经常会造成飞机复飞、返航或备降，导致航班延误取消。雷暴、锋面系统、地形、逆温现象等都可以引发低空风切变。对风切变事故的调查以及气象研究显示，下击暴流是危及飞机起落安全中最严重的一种低空风切变。

下击暴流是指在强雷暴云中局部性的强下沉气流。我们可以将下击暴流比作高悬在空中的水龙头向下放水，下沉的气流就是倾泻而下的水柱。水到达地面后，向四面八方飞溅。当飞机在穿越下击暴流时，首先会遇到强的逆风，飞机逐渐偏离航迹上升。飞机飞近下击暴流中心时，逆风风速骤减至零，并且突然遇到强的下沉气流。之后下沉气流转为强的顺风，飞机迅速下降，并偏离航迹俯冲。总的来说，就是飞机被突如其来的下沉气流直接"粗鲁"地"拍"到了地上。2000 年，一架飞机在汉口机场降落时，错误进入强雷雨云，受微下击暴流袭击，失去控制并坠地。机上 38 名旅客和 4 名机组人员无人生还，并造成地面 7 人死亡。

现阶段，民航气象对于风切变以及顺逆风的探测和预报水平都有了很大的进步。风里雨里，我们守护每一位旅客的出行之路。

| 康定机场远观贡嘎雪山 | 高良　摄影 |

☀ "硬核"龙卷风到底有多"野"？

四川省气象台　胡迪

关键词导读：龙卷风特点　预警

"八月秋高风怒号，卷我屋上三重茅。"我家住在成都浣花溪旁，是唐代诗人杜甫的邻居。中学时期这首诗里八月的狂风给我留下了深刻的印象，它不仅卷走了杜甫屋顶上的好几层茅草，还带着茅草飞过浣花溪，散落在对岸江边。

八月的秋风尚且来势如此猛烈，而我们今天所要了解的，则是比它还要狂暴威猛许多的龙卷风"小姐姐"。

作为局地对流风暴家族中最猛的一员，龙卷风"小姐姐"的每次登场，总会带着一条或多条直径从几十到几百米的漏斗状云柱做"鞭子"，"鞭子"从对流云的云底盘旋而下，到达地面，在地面能引起灾害性狂风，而当"鞭子"没办法到达地面时，"小姐姐"被大家叫作空中漏斗，如果"鞭子"下方落到了水面，这时"她"被称为水龙卷。

龙卷"小姐姐"脾气可大了，别看"她"平时不爱出门，一旦出门就必定会"撒野"。虽然"她"每次出现的时间很短，一般才几分钟到几十分钟，但"她"的破坏力极大，不仅能连根拔起大树，掀翻车辆，还能摧毁建筑物，令交通中断，人畜生命和经济等遭受损失。

正因为如此，我们的气象学家根据龙卷风每次带来的损坏情况给"小姐姐"分了等级。F0和F1级是"她"心情不错的时候，这时最大风速在50米/秒以下，对广告牌、小汽车和房屋的表面会有些损坏。而F2到F5级是"她"心情不好的时候，级别越高，则"脾气"越大，最大风速能达到140米/秒，这时的"小姐姐"甚至能把几头牛卷到空中呢。

龙卷风"小姐姐"不仅"脾气"不好，而且通常"神出鬼没"。那我们就拿"她"没有办法了吗？有气象学家研究发现，"她"的出现与低层

垂直风切变和抬升凝结高度有很大的关系，当风随高度变化很大且云底很低时，"小姐姐"出现的概率就很大了。而这两个条件在我国江淮流域的梅雨期以及登陆台风的外围螺旋雨带上常常可以得到满足，这也就能解释龙卷风为什么喜欢出现在我国东部平原和南部沿海了。

　　对龙卷风的脾气和秉性有了一定了解后，我们的气象预报员就会通过分析实时的探测数据来判断环境条件，再加上高分辨率的雷达监测，就能对"她"的出现和变化做出预警了。我国的第一条龙卷风警报就是这样发出来的呢。如果你收到了龙卷风的预警信息，一定要立刻寻找安全的地方躲避哦！

| 三绝共生——世界级规模的地表石海 | 兴文县人民政府　供图 |

☀ 探秘"低空风怪"

四川省气象服务中心　陈静怡

关键词导读：下击暴流　危害

2000年6月22日，武汉航空公司一架从恩施飞往武汉的运七客机，在下降过程中，坠入汉江，造成49人死亡。2015年6月1日，"东方之星"号客轮从南京沿长江开往重庆，航行至湖北省监利县大马洲水道时翻沉，造成442人遇难。这些事故都堪称是历史上特别重大灾难性事件。那么其罪魁祸首到底是谁？可以瞬间"拉下"一架飞机、掀翻一艘轮船呢？答案就是：下击暴流！

下击暴流是指一股在地面或者是地面附近引起辐射型灾害性大风的强

| 牛背山云海 | 陈敏　摄影 |

烈下沉气流。通俗地讲，下击暴流就是从云中快速下沉的一股强烈气流，触及地面后向四面八方散开。我们可以把它想象为一个从天而降的气流炸弹，到达地面后就会爆炸。气流就像炸弹的碎片一样向周围飞溅。还有人将下击暴流比作高悬在空中的水龙头向下放水，下沉的气流就是倾泻而下的水柱。水到达地面后，会水花四溅。而气流也一样，只是我们看不到而已。

那么这个看不见、摸不着的隐形杀手又是如何形成的呢？一般认为，下击暴流出现在发展成熟的强雷暴云之中，它的形成与雷暴云顶的上冲和崩塌密切相关，这句话好像不太好理解。

那么接下来我们就来做一个小实验，了解一下这个过程。我们看到容器中有干冰，当干冰遇到水就会烟雾弥漫，我们再拿一根普通的干布条，蘸上一点相关的溶液，然后我们试着用布条弄一个云朵的形态。我们现在可以看到气流在不断地上升，这个气泡也在慢慢变大，慢慢地就形成一个类似云顶的形状。当堆积到一定程度的时候，会发生什么样的情况呢？我们可以看到云顶崩塌了，变成了下沉的气流。到达地面时就形成所谓的下击暴流。我现场的实验云顶也已经崩塌了。

这种下沉气流触地后带来的瞬时大风破坏力极强，地面最大风速每秒可以达到50米，就相当于短跑冠军博尔特速度的5倍。我们可以想象一下，正在起飞或降落时的飞机，被下击暴流"一巴掌拍在地上"。这个作恶多端的"低空风怪"我们现在能提前预报出来吗？强对流天气是目前天气预报中的一个世界性难题，这与其自身特点有关：首先，它的生命周期非常短，只有一两个小时甚至几分钟。其次，其空间尺度也很小，在台风面前也只是个小不点，属于强对流天气当中的"小个子选手"。

但是我们现在可以通过高分卫星、多普勒雷达、地面观测仪器捕捉到，从发现下击暴流开始，迅速发出预警，进而提前预测并且尽可能将损失减到最小。在强对流天气频繁出没的季节，咱们还是得时刻关注气象预警信息，做好防范和应对。

☀ 小水滴怎么变成小疙瘩

攀枝花市气象局　麦夏　罗逸
关键词导读：冰雹　形成

"遇冷结成疙瘩，乌云深处为家，出门敲锣打鼓，一来就毁庄稼。"在座的各位能猜出来是什么吗？对，是冰雹。

攀枝花是全国唯一一座以花名命名的城市，阳光明媚、鲜花盛开、瓜果飘香，被誉为"花是一座城，城是一朵花"。然而，由于受特殊的地理位置和地形的影响，冰雹灾害却时时刻刻威胁着美丽的攀枝花。气象记录显示，冰雹在攀枝花每个月都有发生过，早市蔬菜、早春水果、小麦、烤烟等深受其害。那么，哪一种云才会下冰雹呢？冰雹是怎么形成的呢？

　　我们都知道，热空气会上升，冷空气会下沉。当这种上升和下沉气流运动携带着水汽变得猛烈，就会形成一种云体高大、云底黑沉、云顶高耸的积雨云。当积雨云发展得特别旺盛时就可能产生和形成冰雹，这种云通常就是我们所说的冰雹云。

　　云中有非常强烈的上升和下沉气流，云内有非常充沛的水分，这是冰雹云最显著的两大特点。冰晶粒子就是在这样的云体中通过不断碰并增长，逐渐形成了冰雹。当上升的气流支撑不住大的冰雹时，冰雹就会降落到地面。说到这里大家可能就明白了，冰雹的形成要有这样两个条件：第一，要有很强的上升气流，上升气流不仅给冰雹云输送了充分的水汽，而且让冰雹粒子在上升、下降、再上升、再下降的往复循环过程中不断吸附周围的水滴、冰晶，使它长到相当大才降落下来；第二，空气中得有充足的水汽，有了水汽才可以形成水滴、冰晶，才能让冰雹粒子在这个环境中不断碰并长大。

| 巴朗山探秘 熊猫王国之巅 | 张川 摄影 |

延伸阅读

四川省气象灾害预警信号——冰雹预警信号

冰雹预警信号分2级，分别以橙色、红色表示。

（一）冰雹橙色预警信号

图标：

标准：6小时内可能出现冰雹伴随雷电天气并可能造成雹灾。

防御指南：

1.政府及有关部门做好防御冰雹的应急工作；

2.做好人工防雹作业准备并择机作业；

3.户外行人到安全场所暂避；

4.驱赶家禽、牲畜进入有顶棚的场所，妥善保护易受冰雹袭击的汽车等室外物品或者设备；

5.注意防御冰雹天气伴随的雷电灾害，不要在孤立的棚屋、岗亭、大树或者电杆下停留。

（二）冰雹红色预警信号

图标：

标准：2小时内出现冰雹伴随雷电天气的可能性极大并可能造成重雹灾。

防御指南：

1.政府及有关部门启动抢险应急预案，做好防御冰雹的应急和抢险工作；

2.适时开展人工防雹作业；

3.户外行人立即到安全场所暂避；

4.驱赶家禽、牲畜进入有顶棚的场所，妥善保护易受冰雹袭击的汽车等室外物品或者设备；

5.防御冰雹天气伴随的雷电灾害，不要在孤立的棚屋、岗亭、大树或者电杆下停留，关闭手机等无线通信工具。

|达古冰川|唐华祥　摄影|

☀ 来自天空的"手榴弹"

宜宾市气象局　郭银尧
关键词导读：冰雹　消雹

大家好，初次见面，给大家献上一盘"元宵"！开个玩笑，这可不是什么软糯香甜的元宵，而是质地坚硬、破坏力极强，被称为天空中的"手榴弹"——冰雹！

说到冰雹，有的人可能只闻其声不见其影。这种奇异的天气现象通常会在什么地方发生呢？在我国出现冰雹最多的地区是青藏高原，西藏自治区东北部的那曲，每年平均有35.9天，也就是每10天就有1天在下冰雹。

而放眼全国，几乎每个省份都或多或少地有冰雹成灾的记录，说明这个天空"手榴弹"的打击范围是相当的广泛。

那么它又是在什么时间发动攻击呢？根据我国全年的统计资料显示，它多发生在天气复杂的春夏季节，也就是4—10月；在每一天中，它多集中在午后，特别是15时以后，所以跳广场舞的叔叔阿姨们可得多加注意了。

它的威力又如何呢？气象学上规定，直径大于5毫米的固态降水就称之为冰雹。大多数的冰雹啊，别看它是固体，由于它受到的空气阻力大，落到地面上的速度还没有同等大小的雨滴快；在我国南方地区有时会降落直径几厘米的大冰雹，也就是我们所说的鸡蛋大小。这个时候，它的威力可就大了，打穿汽车玻璃那是不在话下，它对农业、建筑、通信、电力、交通都有非常严重的危害；但这啊，还不是最大的，在美国的南达科他州出现了迄今为止的最大冰雹，它的直径达20厘米，重达1千克，降落速度可高达40米/秒。

我们剖开一个冰雹，从它的横截面可以看到像洋葱一样的层状结构，也揭示了它的形成过程：首先，需要有足够的"原材料"。冰雹是一种特殊的降水，大气中必须要有足够的水汽，云的垂直厚度不能小于6～8千米；其次，云中的温度必须达到 $-12\ ℃$ 以下，才能让一个温柔的小水滴裹上坚硬的外壳；最后，还需要有强烈的上升、下沉气流，才能让水滴不停地上下翻滚，越变越大，这也就是冰雹上面层状结构出现的原因。冰雹最终战胜了浮力，才使这颗大自然精心制作的"手榴弹"掉了下来。

防雹一般来说主要有两种途径：一是向云中播撒催化剂，让冰雹没有变大以前提前降落下来，我国自主研制的JFJ-Ⅰ型防雹火箭就是这种类型；二是以空中爆炸的形式，用爆炸产生的冲击波，破坏云层结构，从而达到消雹的目的。

随着科技的发展，观测手段的多样化，我们必将牢牢掌握冰雹的行踪，在这颗天空"手榴弹"落地之前就将它拦截，让冰雹不再危害人间，让人们不再对它谈之色变！

地质灾害及避险

☀ 暴雨与地质灾害

四川省气象服务中心　郭洁
关键词导读：四川暴雨灾害　暴雨预警

　　四川地处我国西南，以龙门山、大凉山为界，西部是川西高原山地，东部是四川盆地及盆周山地。特殊的地形地貌导致四川天气复杂多变，旱涝、风雹、大雾和雷电等灾害时有发生，其中，发生频率最高、危害最重的就是暴雨。它主要发生在每年的5—9月，以7—8月尤为频繁，其中有2/3发生在夜间，并主要出现在盆周山地。这是为什么呢？

　　我们观察地形就会发现，盆地四周为群山环抱，海拔高度由3000多米急剧下降至500米左右，悬殊的海拔高差，再配合喇叭口、迎风坡等小地形，使得暖湿气流在此被抬升而凝结，形成暴雨。四川盆地三大暴雨高发区分别位于青衣江、龙门山和大巴山地区，平均1~2年，就有一次致灾的特大暴雨发生。而仔细的您还会发现，龙门山和青衣江暴雨区分别与

"5·12"汶川地震、"4·20"芦山地震重灾区相互重叠。强震的影响使其本来就脆弱的地质环境更趋恶劣。有地质专家预测，在震后的5～10年，将是地质灾害发生的最高峰时期。在暴雨袭击下，河水陡涨，山洪暴发，滑坡、泥石流便会倾泻而下。

2010年8月13日，突发性强降雨导致德阳清平乡文家沟山体崩塌，10余条山沟同时暴发山洪、泥石流，使地震灾后重建的新村落再次满目疮痍。2012年8月17日夜间，成都彭州暴发特大暴雨，景色秀丽的银厂沟内多个景点出现滑坡、泥石流，近万名游客滞留景区。2013年7月10日上午，都江堰发生持续性特大暴雨，导致特大型高位山体滑坡，11户农家乐瞬间被掩埋，造成巨大人员伤亡。当您看到这些触目惊心的画面时，您还觉得地质灾害离我们远吗？

既然暴雨是诱发地质灾害的最大凶手，那暴雨预警的重要性就不言而喻了！在地质灾害联防预警机制中，暴雨预警信号就像是"消息树"和"发令枪"。预警信号一旦发出，国土、水利、民政等部门就会迅速联动起来，启动预案。同时，从省市到县、乡、村组四级层层落实，确保第一时间将预警传到最基层，组织群众防范避险。正是基于这种联防预警机制，在"8·13"清平特大山洪泥石流灾害中才避免了重大的人员伤亡。朋友们，暴雨和地质灾害有可能就在我们身边，必须保持高度警惕。一年年与自然灾害的不懈抗争，让我们警醒：必须变"被动救灾"为"主动防灾"。防灾减灾不再是口号，而是实实在在的行动！学习气象科普知识，树立防灾减灾意识，增强自救互救能力。居安思危，防患于未然。

| 芦山双石镇 |

延伸阅读 ···

四川省气象灾害预警信号——暴雨预警信号

暴雨预警信号分3级，分别以黄色、橙色、红色表示。

（一）暴雨黄色预警信号

图标：

标准：四川盆地、凉山州和攀枝花市6小时降雨量将达50毫米以上或者已达50毫米以上且降雨（10毫米/小时以上）可能持续。甘孜藏族自治州、阿坝藏族羌族自治州6小时降雨25毫米以上或者已达25毫米以上且降雨（5毫米/小时以上）可能持续。

防御指南：

1.政府及有关部门做好防御暴雨的准备工作；

2.学校、幼儿园应采取措施保障学生和幼儿的安全；

3.强降雨路段和积水路段加强交通管理，保障安全；

4.切断低洼地带危险的室外电源，暂停在空旷地方的户外作业，转移危险地带人员和危房居民到安全场所避雨，转移低洼场所物资，收盖露天晾晒物品；

5.检查城镇、农田、堤坝的排水系统，采取必要排涝措施，确保塘

达古云海｜余南忠　摄影｜

堰、水库保持安全水位；

6.驾驶人员注意积水道路和塌方，确保行车安全。

（二）暴雨橙色预警信号

图标：

标准：四川盆地、凉山州和攀枝花市 3 小时降雨量将达 50 毫米以上或者已达 50 毫米以上且降雨（20 毫米／小时以上）可能持续。甘孜藏族自治州、阿坝藏族羌族自治州 3 小时降雨达 25 毫米以上或者已达 25 毫米以上且降雨（10 毫米／小时以上）可能持续。

防御指南：

1.政府及有关部门适时启动应急预案，做好暴雨预防和应急准备工作；

2.切断危险的室外电源，暂停户外作业；

3.处于危险地带的学校可以停课，单位可以停业，采取措施保护到校学生、幼儿和其他上班人员的安全；

4.转移危险地带人员和危房居民到安全场所避雨，转移低洼场所物资，撤离井下作业人员；

5.做好城市、农田的排涝，防范暴雨可能引发的城市内涝和山洪、崩塌、滑坡、泥石流等灾害；

6.在强降雨路段和积水路段加强交通管理，保障安全。驾驶人员注意路滑和塌方，确保行车安全。

（三）暴雨红色预警信号

图标：

标准：四川盆地、凉山州和攀枝花市3小时降雨量将达100毫米以上或者已达100毫米以上且降雨（20毫米/小时以上）可能持续。甘孜藏族自治州、阿坝藏族羌族自治州3小时降雨达50毫米以上或者已达50毫米以上且降雨（10毫米/小时以上）可能持续。

防御指南：

1. 政府及有关部门启动应急预案，做好防御暴雨应急和抢险工作；

2. 处于危险地带的学校可以停课，单位可以停业；

3. 做好城市内涝和山洪、滑坡、崩塌、泥石流等灾害的防御和抢险工作；

4. 转移地质灾害危险地带人员和危房居民，户外人员到安全场所暂避；

5. 切断有危险的室外电源，暂停户外作业；

6. 在强降雨路段和积水路段加强交通管理，保障安全；

7. 驾驶人员注意路滑和塌方，确保行车安全。

| 阿坝藏族羌族自治州九寨沟县漳扎镇九寨沟彩林 |

☀ 高原泥石流深藏的"秘密"

阿坝藏族羌族自治州气象局　陈志立

关键词导读：泥石流灾害　发生规律

　　阿坝藏族羌族自治州地处川西高原北部，属龙门山地震带。全州山峦起伏，地势险峻，风光秀美，景色诱人，是世界级旅游胜地。但是受"5·12"汶川地震、"8·8"九寨沟地震的影响，山体破碎，土质疏松，大山沟壑中堆积了大量的碎石，为泥石流的产生提供了物质条件。

　　近年来泥石流在阿坝藏族羌族自治州频发，大大小小的泥石流使老百姓遭受了严重的生命和财产损失（例如：2013年"7·10"汶川特大山洪泥石流，2015年"6·29"黑水特大泥石流，2016年"7·26"九寨沟泥石流等）。要有效防范泥石流，我们得先掌握它的发生条件，了解它的"秘密"，有助于我们采取有效措施防灾减灾。

　　泥石流，当地老百姓称之为"亩潲龙"，是山区沟谷中由暴雨、暴雪融雪或其他自然灾害引发的山洪并携带大量泥沙以及石块的特殊洪流。泥石流来临之前，最直观的判断就是山沟或河水突然加大并变得浑浊，山谷传来轰鸣或者震动等现象。

| 阿坝藏族羌族自治州理县毕棚沟红叶 |

它的特点：一是突发性。经常突然暴发，猝不及防；二是速度快。来势凶猛，高速前进，并携带大量石块；三是流量大。暴雨将含有沙石且松软的土质山体经饱和稀释后形成洪流，它的覆盖面、体积和流量都比较大；四是破坏力强。这是山区最严重的地质灾害，经常冲进乡村、城镇，摧毁房屋、淹没人畜、毁坏土地，每年均有因泥石流而致死的人员，并造成上万亿元财产损失。

它的发生规律：具有明显的季节性。一般发生在多雨的夏秋季节；具有明显的周期性。随暴雨、洪水发生周期性地出现。

它的发生条件：一是气象条件。大量降雨或短时强降水；二是物质条件。松散堆积物丰富；三是地形条件。山间或山前沟谷地形陡峭。

了解了泥石流这些"秘密"，有助于人民群众及时有效地采取应对措施，从而最大限度地减轻老百姓生命财产损失和国家财产损失。

| 甘孜藏族自治州泸定县海螺沟 |

☀ 山区猛兽——"宙潴龙"

甘孜藏族自治州气象局　李璐
关键词导读：*泥石流*

甘孜风景美如画，美人谷丹巴县位于四川甘孜东部，享有"千碉之国、中国最美乡村"等美誉。有人说丹巴县是"一步一景"，但也是"一步一险、一步一灾"，原因就在于今天要给大家介绍的山区猛兽——"宙潴龙"。

这是当地人给它的昵称。下面我来描述它的"生理特征及活动方式"。大家猜一下，它的学名叫什么？它经常活动在山区沟谷、地形险峻、土体松散地区，喜欢多雨的夏秋季节，往往来势凶猛，"脾气"暴躁，可随身携带大量泥沙、巨石，"龙头"可高达十几米，奔腾咆哮而来，地动山摇，所到之处摧枯拉朽，对人民生命和财产安全构成了巨大的威胁。

说到这儿，想必大家都能猜到"宙潴龙"的学名了。没错，它就是泥石流，是因为暴雨、洪水或其他自然灾害引发的山体滑坡并携带有大量泥沙以及石块的特殊洪流。

我所在的丹巴县，地形复杂，降雨集中，有近千个地质灾害隐患点，居四川省榜首，故有"地质灾害博物馆"之称。2020年6月17日凌晨，全县范围普降大到暴雨，3小时局地最大降水量达59.9毫米，相当于把当地非汛期6个月的雨水集中到3个小时倾盆泄下。要知道，与内地不同的是，甘孜藏族自治州24小时降水量大于50毫米就达到大暴雨标准。此次降水导致丹巴县发生十多处泥石流灾害，其中梅龙沟泥石流阻断小金河，形成了堰塞湖，造成全县12个乡镇、91个村受灾，数万群众失去了自己熟悉的家园。农牧林业、道路交通、服务机构、通信等设施设备不同程度受损，经济损失合计约10亿元。

面对此次灾害性天气过程，气象部门及时、准确、多渠道发布预报预警信息。在"党委领导、政府主导、部门联动、社会参与"的气象灾害防御体系下，当地政府成功紧急转移群众2万余人，护佑了一方平安。

通过这个鲜活的例子，我们可以看到，泥石流虽然来势凶猛、危害巨大，但只要大家有一些预判技能，就能为自己赢得逃生机会。若发现河流突然断流或水势突然加大、沟谷内传来轰鸣声或地面有震动等现象，都是"亩潴龙"在跟你打招呼呢。这时，不要在谷地停留或上树躲避，"三十六计跑为上策"，要立即向坚固的高地或与泥石流成垂直方向的山坡跑去。

泥石流虽是山区噩梦，但是可以防范，就像疫情虽凶，可人心很暖。只要大家众志成城，定能战胜疫情，摘下口罩，放松心情，露出微笑。出门旅行，别忘关注天气预报，暴雨不去山谷中，安全提防"亩潴龙"。

当山洪暴发时如何应急避险?

山洪地质灾害发生时一定要牢记,避险要科学,抢险要及时,救灾要迅速。

避险:避险要讲究科学正确的避险方式,遵循避险预案,避免产生不必要的损失。

1. 避险转移:走出家门时,要清点人数,照顾好老弱病残孕,关心左邻右舍,按照应急预案规定的转移路线,有秩序地撤离。

2. 避险地点:可选择平整的高地、山地和梯田作为避险地,尽可能避免身处有滚石和大量堆积物的山坡下,一定不要沿着山沟跑,而应向两侧山坡上转移,更不要在山谷和河沟部扎营,尽量离家近一点,缩短转移时间,便于救灾队赶到。

3. 通信联系不上:要用树枝、石块和衣服等在野外的空地处摆放出尽可能大的求救字样,并在求救字样的显著位置插红色或其他颜色鲜艳的标志物,以引起搜救人员的注意。

4. 灾情过后:雨停后,不一定家里就安全,泥石流还可能发生,一定要等一等,上级发布解除警报后再回家。

|巴朗山探秘熊猫王国之巅|张川　摄影|

☀ 拖泥带水的毁灭者

德阳市气象局　王远东　易雪滢　彭飞

关键词导读：泥石流　形成　逃生

2010 年 8 月 13 日凌晨，在连续暴雨诱发下，绵竹市清平乡发生了一起我国近年来罕见的特大山洪泥石流灾害，滑坡体积达 600 余万方，导致 7 人遇难，7 人失踪。

泥石流，远非一省一地的祸害。在我国西部山区，已查明的泥石流沟就多达 15797 条，这样的数据显得有点儿可怕！而从分布来说，中国几乎所有的地区都遭受过泥石流灾害，四川、西藏、甘肃、云南则是遭遇泥石流最多的几个地区。

那么，这一破坏力极大的自然灾害是如何形成的呢？

泥石流属于表层地质灾害，是介于洪水与滑坡之间的一种地质灾害，因降水或其他自然灾害引发的山体滑坡并携带有大量泥沙以及石块的特殊洪流，通俗地讲，就是泥浆形成的洪流。

泥石流的形成有 3 个硬性条件：第一，要有适宜的地形地貌，比如陡峭的山谷或沟床等；第二，要有松散的物质来源，沟谷表层松散的堆积物，主要由泥沙、石块等组成；第三，就是水源条件了，持续的降水或突发暴雨等。典型的泥石流形成是在持续降雨或突发暴雨的情况下，大量的水体浸透沟谷表层堆积物，使它饱含水分并与沟谷中的洪水混合在一起，顺着沟谷冲出沟口就形成了泥石流，沟谷上方是泥石流的形成区，中间是泥石流的流通区，沟谷底部是堆积区。

我们用水瓶来简单模拟一下泥石流的形成。倾斜的水瓶代表形成泥石流的高山沟谷，瓶子里面的松散土壤代表沟谷中的表层堆积，我们用另一瓶水来模拟降雨，在这个瓶子上端浇水，随着水量的持续增加，洪水从上端的形成区经过流通区顺着斜坡流到堆积区了，这就是泥石流最基本的形成原理。泥石流经常突然暴发，来势凶猛，并携带巨大的石块，速度非常快，几乎就是一眨眼的时间，因而破坏性极大。

当我们不幸遇到泥石流时，别怕，千万不要往泥石流的下游走，要往两边的山坡上面爬，还可以就近选择树木生长密集的地带逃生，因为密集的树木可以阻挡泥石流的前进。

每年的 6—9 月，当您身处西部山区或者大山深处时，请当心这个拖泥带水的毁灭者！

| 铜河新寨美 | 王永春　摄影 |

森林火灾及防御

普罗米修斯的火种

宜宾市气象局　郭银尧

关键词导读：森林火灾　全球变暖　焚风

地球上真的存在魔法吗？我觉得，火焰就是。它使人类吃到熟食，远离疾病，刀耕火种，成了地球的主人。它是人类文明的种子，是西方神话世界里普罗米修斯从天上盗取来的智慧之光。

可是去年，这束光着实让地球发了一次"高烧"。2020年4月凉山木里山火令我们痛心不已；7月加拿大阿尔伯塔省，9月澳大利亚，10月美国加利福尼亚州，甚至被称为"地球之肺"的亚马孙热带雨林也惨遭浩劫。为什么山火成了"新常态"？它背后的原因究竟是什么呢？

映入我们脑海的第一个答案：地球变暖了。

没错，不断被刷新的火灾纪录，的确是全球气候变暖的直观体现。

首先，全球变暖会使高温干旱季节延长，例如，美国加利福尼亚州的高温干旱季节就比20世纪70年代延长了两个半月，干和暖正是滋生山火的主要气候基础。我们具体来看它的地理位置，加利福尼亚州位于美国的西海岸，北部是茂密的森林，东侧是内华达山脉，南侧是干旱的莫哈维沙漠，这里诞生了旧金山和洛杉矶两个著名的大都市，地理位置看起来是得天独厚，但也埋下了阴影。每到冬天，来自大陆较冷的气流会流向相对温暖的海洋，它必然要经过高耸的内华达山脉，当气流随着迎风面上升，空气中的水分会凝结脱落形成降雨，到达山顶的风就很干燥了，越过山顶以

后，空气又会迅速下降升温，而水汽又得不到补充，这时候它就变成又热又干的风，气象学上称为"焚风"，当地人也叫它"大恶魔风"。那么，如果风绕过山脉，从南边过来呢？别忘了我们刚刚说过南侧是莫哈维沙漠，经过沙漠的风会更加干燥，它还有一个名字叫"圣安娜风"。两股热而干燥的风对火灾的形成和扩散有着很大作用。

其次，全球变暖会打破常态，导致气候异常。2019 年澳洲全年降水为历史最低，仅有 277 毫米。更可怕的是，占澳洲植被 7 成以上的植物桉树，富含油脂，是天然的可燃物，当它们脱落聚集在地面的时候，40 ℃ 以上的高温就会引发自燃。

我们好像找到答案了，但事实真的是这样简单吗？我们不禁回想起了 30 多年前发生在我国大兴安岭的特大森林火灾，在装备落后的年代我们创造了 28 天灭火的奇迹，而具备世界最强消防设施的澳洲，扑了整整 4 个月。这不得不让我们有所思考。

2019 年 8 月一周时间全球的火情卫星遥感图告诉我们，火灾是常态，一根燃烧的烟中心温度可达 700 ℃，一根火柴的温度可达 1000 ℃。尽管闪电也可能引发山火，但据统计表明，84% 的山火都是由人为造成的。我们不能把山火仅仅怪罪于气候，减小它的最有效措施，也许就在你掐灭的那根烟头。

| 巴中市南江县光雾山红叶 |

☀ 保护森林，"火"速离开

甘孜藏族自治州气象局　李萧
关键词导读：森林火灾　危害

全世界每年平均发生森林火灾 20 多万次，烧毁森林面积约占全世界森林总面积的 1‰ 以上。中国每年平均发生森林火灾约 1 万多次，烧毁森林几十万至上百万公顷，火灾是森林最危险的敌人，也是林业最可怕的灾害，它会给森林带来具有毁灭性的后果。

烧毁林木。森林一旦遭受火灾，最直观的危害是烧死或烧伤林木。一方面使森林蓄积下降，另一方面也使森林生长受到严重影响。森林是生长周期较长的再生资源，遭受火灾后，其恢复需要很长的时间。高强度大面积森林火灾之后，森林很难恢复原貌，如果反复多次遭到火灾危害，还会成为荒草地，甚至变成裸地。

烧毁林下植物资源。森林地下蕴藏着丰富的野生植物资源，如甘孜藏族自治州的松茸，它含有大量的天然活性多糖，这种多糖被证实有一定的抗癌作用，防止细胞癌变，还可以激活人体免疫细胞，增强人体免疫力，深受广大消费者的青睐；我国南方的喜树可提炼出喜树碱，是良好的治疗

| 巴中市南江县光雾山红叶 |

癌症的药物；漆树可加工制成漆；桉树提炼出的桉油是制造香皂、香精的最佳原料等，不胜枚举。所有这些林副产品都具有重要的商品价值和经济效益。然而，森林火灾能烧毁这些珍贵的野生植物，或者由于火干扰后，改变其生存环境，使其数量显著减少，甚至使某些种类灭绝。

危害野生动物。森林遭受火灾后，会破坏野生动物赖以生存的环境，有时甚至直接烧死、烧伤野生动物。由于火灾等原因而造成的森林破坏，我国不少野生动物种类已经灭绝或处于濒危，如野马、高鼻羚羊、新疆虎、犀牛、豚鹿、朱鹮等几十种珍贵鸟兽已经灭绝。另外，大熊猫、东北虎、长臂猿、金丝猴、野象等国家级保护动物也面临濒危，如不加以保护，有灭绝的危险。

引起水土流失。森林具有涵养水源、保持水土的作用。据测算，每公顷林地比无林地能多蓄水 30 立方米，3000 公顷森林的蓄水量相当于一座 100 万立方米的小型水库。因此，森林有"绿色水库"之美称。加之，森林庞大的根系对土壤的固定作用，使得林地很少发生水土流失现象。然而，当森林火灾过后，森林的这种功能会显著减弱，严重时甚至会消失。因此，严重的森林火灾不仅能引起水土流失，还会引起山洪暴发、泥石流等自然灾害。

使下游河流水质下降。森林多分布在山区，山高坡陡，一旦遭受火灾，林地土壤侵蚀、流失要比平原严重很多。大量的泥沙会被带到下游的河流或湖泊之中，引起河流淤积，并导致河水中养分的变化，使水的质量显著下降。这就会严重影响鱼类等水生生物的生存，颗粒细小的泥沙会使鱼卵窒息、抑制鱼苗发育等。

因此，保护森林，我们需要：①不要携带火种进山；②不要在林区吸烟、打火把照明；③不要在山上野炊、烧烤食物；④不要在林区内上香、烧纸、燃放烟花爆竹；⑤不要炼山、烧荒、烧田埂草、堆烧等；⑥不要让特殊人群和未成年人在林区内玩火；⑦不要在野外烧火取暖；⑧不要乘车时向外扔烟头；⑨不要在林区内狩猎、放火驱兽等。只有做到这些，才能保住我们的绿水青山，守住我们的金山银山。

延伸阅读 ....

四川省气象灾害预警信号——森林（草原）火险天气预警信号

森林（草原）火险天气预警信号分3级，分别以黄色、橙色、红色表示。

（一）森林（草原）火险天气黄色预警信号

图标：

标准：连续3天出现4级以上森林（草原）高火险天气，未来将持续。

防御指南：

1. 有关部门做好防火灭火准备工作；

2. 加强林区巡查，严格管理野外用火；

3. 加强林区（草原）火险天气监测，及时通报火险天气情况；

4. 注意野外用火安全。

（二）森林（草原）火险天气橙色预警信号

图标：

标准：连续5天出现4级以上森林（草原）高火险天气，未来将持续。

防御指南：

1.政府及有关部门适时启动应急预案，做好防火灭火的应急和抢险工作；

2.加强林区（草原）火险监测巡逻，严格控制野外用火；

3.加强林区（草原）火险天气监测，及时通报火险天气情况，做好人工影响天气准备工作；

4.注意野外用火安全，在重点火险区设卡布点，禁止将火种带入；

5.加强森林（草原）防火知识宣传教育。

（三）森林（草原）火险天气红色预警信号

图标：

标准：连续7天出现4级以上森林（草原）高火险天气，未来将持续。

防御指南：

1.政府及有关部门启动应急预案，做好防火灭火的应急和抢险工作；

2.林区禁止一切用火，在重点火险区设卡布点，禁止将火种带入；

3.严密监视林区（草原）火点，随时启动处置火灾应急预案，森林消防队伍严阵以待；

4.加强林区（草原）火险监测巡查力度，禁止野外用火；

5.加强林区（草原）火险天气监测和情况通报，适时开展人工增雨作业灭火；

6.加强森林（草原）防火知识宣传教育。

☀ 火借风势，风灭火威

绵阳市气象局　李镇洪　宋佳　王於琪
关键词导读：森林火灾　灭火

　　古语有云：火借风势，风助火威。东汉末年孙权、刘备联军在长江赤壁一带大破曹操大军的赤壁之战，是中国历史上以少胜多、以弱胜强的著名战役，并由此奠定了三国鼎立的基础。赤壁之战，战于长江，为何滔滔奔流的江水未能阻碍火势的蔓延？此役固然借了东风之力，而同样，火也助了风威。

　　首先我们知道风的形成原理：自然界的风是由太阳辐射热引起的，太阳光的照射使地表温度升高，地表加热近地面空气并使其升温，近地面空

娜姆湖彩林｜唐华祥　摄影｜

气受热后变轻而上升，低温的冷空气会横向流入，之前上升的空气因逐渐冷却会下降并加入横向流动的行列，由此形成气旋环流，这种空气的流动就产生了风。知道了这一点我们就不难理解，为什么一有大火就有风来助阵了：大火会产生大量的热量，热气较轻向上运动，周围的冷空气及时补充，可以形成几十米的对流柱和气旋，而它们又没有"方向感"，当一点儿小风吹过，这股气旋就会倒下，瞬间形成了大风。再加上这股大风还夹杂大火的高温，风助火势，火又生风，那真就是"神挡杀神、佛挡杀佛"了。于是"谈笑间，樯橹灰飞烟灭"。

如今火借风势依旧困扰着我们。受全球气候变暖等多种因素影响，世界各地森林、草原火灾频发。在灭火抢险的一线，消防员在与火较量，气象工作者则密切监控着风的变化，因为大火一旦形成，想要灭的已经不是火了，而是风！灭火容易"杀"风难，当森林、草原突发火灾，这时候疯狂燃烧的大火就如同一个小型的太阳，它可以不断制造出大风，而大风就犹如不断注入的助燃剂，增加林火的威力。风与火"狼狈为奸"，掠过之处黑烟腾腾，剩下一片焦土。

难道风真的就是我们灭火的拦路虎吗？其实不然，相反它还可以成为我们灭火的助力。众所周知，燃烧有3个条件：可燃物、温度、氧气，三者缺一不可。只要阻断其一，已经出现的火种就会熄灭。如今消防员灭火的其中一种方式就是用风灭火。他们使用风力灭火机产生高速的风力冲击火焰底部，使正在燃烧的物质温度骤然下降，并在可燃物与空气之间形成隔离带，隔绝空气，达到灭火的目的。如此看来，到底是火借风势还是风灭火威，关键还是两者的强度对比。我们可以大胆地想象一下，如果这个风力灭火机相较于火来说无限大呢？我们来做个实验（实验：打开打火机，呼，吹灭！）这就是熊熊燃烧的大火，而我是这个风力灭火机。瞧，灭火就是这么简单！

100年前我们不会想到气象工作者拥有可以增雨的火箭弹，随着科技的飞速发展，100年后我们或许还能手握灭火的"芭蕉扇"，让风与火"狼狈为奸"的日子进入倒计时。

☀ 解密四川森林"魔火"

阿坝藏族羌族自治州气象局　张雷
关键词导读：森林火灾　气候复杂

初来巴中，5月的巴中已完全进入雨季，空气湿润，来自阿坝的我很是羡慕，这是为何呢？因为四川省攀西地区、西北地区当前的天气形势正处于"水深火热"之中，5月，这些地方不仅要防汛，防火任务也是重中之重。今天，我给大家科普的内容就与森林"魔火"有关。

大家都知道，最近两年在四川省发生的凉山州森林火灾都有人员伤亡，下面我们首先了解为什么四川省这两年森林火灾多发？

首先，林区面积大，原始森林多，这些给森林"魔火"提供了绝佳的"犯罪之路"。四川省森林面积达1887.3万公顷，约占全国9.1%，居全国第4位。四川省攀西地区、川西高原地区的林区树木以云南松为主，含油量丰富，极易燃烧。

其次，独特的气候给森林"魔火"提供了"温床"。四川省攀西地区、川西高原气候干湿季分明，一年分为旱季和雨季。年平均降雨量1000毫米，雨水充沛，草木生长旺盛。但是，90%的雨量均下在6—10月的雨季，而旱季的月平均降雨量仅约10毫米，且温度高、湿度小，导致林木、林草干枯，极易被点燃。2019年木里火灾就是因为雷击导致的，火灾发生时，高温少雨，气候干燥，闪电引燃了树木和地表可燃物。

最后，林区用火是引进森林"魔火"的"罪魁祸首"。据统计，近10年我国森林草原火灾97%以上都是人为引起的，这充分说明，人们对安全用火意识不强，无意间的一次野外用火，就可能引发一场森林火灾。

讲到这里，有个疑问可能大家迫不及待想了解，那就是为什么森林大火这么难扑灭？

林火灭火面临的困难主要有四方面：火点多，火线长；山区小，气候复

| 峨眉山彩林 | 张世妨　摄影 |

杂；山不高但森林茂密，道路难走；气温还将持续回升，风向也总在变化。

　　林火灭火过程中最危险的情况之一就是会遇见爆燃，它会在短时间内形成巨大火球、蘑菇云等现象，爆燃时产生的温度极高。林火爆燃可以说是威胁消防员生命安全的最大恶魔。

　　地形和风向是阻碍林火灭火的最大难题。因为与森林火灾蔓延速度密切相关的重要因素是风和地形。在同样的风力、可燃物和氧气的条件下，山坡上的火势蔓延速度会比平地上快很多。

　　森林防火，重在堵源。"魔火"虽可怕，但只要我们加强火源管控，全民提升用火安全意识，"魔火"就不会轻易破坏我们共同的绿色家园。

☀ 凉山之火何其猖

四川省气候中心　郑然

关键词导读：凉山州　林火　焚风

在中国古代神话传说中，我们的祖先通过钻木取火来感受火带来的温暖，开启了人类文明的新时代，但失控的火，带来的就不是温暖而是伤痛了。

2019年3月30日，凉山州木里县突发山火，31位英雄永远地离开了我们；时隔一年同一天，凉山西昌市再次发生林火，19名扑火英雄壮烈牺牲。

据统计，凉山平均每年发生92次林火，主要集中在凉山西部的木里、盐源等地，并且有90%发生在冬春季。凉山林火为何如此频繁，这背后，有着怎样的"气候密码"？

大家都知道"干柴烈火"这个词。同样是遇到火，潮湿木条内的水分，汽化吸热，使木条很难达到着火点；而干燥的木条，少了水汽的"保护"，一点就着。

凉山州的冬春季，正是"干柴烈火"的温床。

位于北回归线附近的凉山，具有亚热带季风气候特点，通俗地说，就是夏天受海陆热力差异影响，吹暖湿的东南风；冬季受来自西伯利亚的寒风影响，吹干燥的西北风。这种大的气候背景使得凉山干湿季分明，冬半年少雨干暖。森林里的树木，特别是枯枝、落叶，被"烘"得干干的。

说到这里，肯定有人会问，同一纬度的其他地区为什么林火并没有那么多呢？这就不得不提到凉山的地形了。

凉山西部介于盆地和高原之间，岭谷交错，特殊的地形使它拥有了自己的局地小气候——干热河谷气候。从名字就可以看出，这种气候的最大特征就是高温和低湿。它的形成，与两种风有关：焚风和山谷风。

焚风指的是湿润的空气在越过山脉的过程中，随地形抬升，形成降水，空气中的水分减少，翻过山脊后，干燥的空气团在背风坡下沉，逐渐增温，又变得炎热，形成了又干又热的焚风。

山谷风是山谷间热力差异作用形成的。白天山坡接受太阳光热较多，空气温度高，热空气便向温度较低的山谷上空流动、汇集，在重力作用下，形成下沉气流，这个下沉气流与焚风一样炎热干燥。二者一来二去一叠加，凉山的高温低湿就被"安排得妥妥"的了。

凉山西部的林火不仅易发，还难灭。除了地形复杂带来的困难，火场小气候也是重要原因之一。

当火灾发生后，着火点上空空气受热上升，周围新鲜空气立刻补充，形成风，氧气的加入使火越烧越旺，再配合凉山西部复杂的地形，遍布的高山，使交通和通信都极为不便。不仅如此，风随谷走，风向多变，火灾会顺风势迅速蔓延，将火种带至更远的地方，造成新的火灾。春季风速大，加上火场小气候带来的风，使得凉山救火难度再添一级。

这就是凉山林火的"气候密码"。作为气象人，我们不仅要破解"气候密码"，更要立足未来，紧紧围绕服务国家战略和地方经济社会发展，大力致力于森林火险气象等级预报的技术研究中，为做好森林火灾防控提供可靠有力的气象保障。用我们自己的方式，向每一位救火英雄致敬！

| 光雾山景区 | 巴中市气象局　供图 |

四川省气象灾害预警信号——干旱预警信号

干旱预警信号分2级，分别以橙色、红色表示。干旱等级划分，以四川省地方标准中的综合气象干旱指数为标准。

（一）干旱橙色预警信号

图标：

标准：预计未来一周综合气象干旱指数达到重旱或者一个县（市、区）有40%以上的农作物受旱。

防御指南：

1.政府及有关部门适时启动应急预案，做好防御干旱的应急准备工作；

2.启用应急备用水源，调度辖区内可用水源，优先保障城乡居民生活用水和牲畜饮水；

3.限制非生产性高耗用水，限制排放工业污水；

4.适时进行人工增雨作业。

（二）干旱红色预警信号

图标：

标准：预计未来一周综合气象干旱指数达到特旱或者一个县（市、区）有 60% 以上的农作物受旱。

防御指南：

1. 政府及有关部门做好防御干旱的应急和救灾工作；

2. 启动调水等应急供水方案，采取车载送水等方式确保城乡居民生活用水和牲畜饮水；

3. 限制非生产性高耗用水，暂停排放工业污水；

4. 加大人工影响天气作业力度，适时增雨作业。

| 美丽富饶的安宁河谷 | 余洋　摄影 |

甲居藏寨

第三篇

气象服务

- 气象为农服务 - 人工影响天气 - 气象与生活 - 气象景观与物候

●●●● 气象为农服务 ●●●●

☀ 阳光的"味道"

攀枝花市气象局　麦夏　李永军

关键词导读：攀枝花　芒果　气候特点

有一种花叫攀枝花，有一座城与花同名。说到攀枝花我们想到的是钢铁工业、钒钛资源，却不知道我们攀枝花有三宝：阳光、鲜花和瓜果。在水果中人气最高稳坐"C位"的就数我们攀枝花的芒果了。

芒果被誉为"热带水果之王"，攀枝花于20世纪70年代中期开始试种芒果，90年代中期进行规模性生产种植。充沛的阳光，纯净的土地，孕育出攀枝花芒果纤维少、味甜芳香、质地腻滑、香气怡人、营养丰富的优良品质，赋予了攀枝花芒果"阳光的味道"：富含β-胡萝卜素和维生素C，可食率高，集热带水果精华于一身。目前全市种植品种主要有晚熟品种凯特，占种植总面积的69%，吉禄占种植总面积的8.4%，其次为红象牙、金煌、椰香、乳芒、台农一号、金白花、红贵妃等。

　　攀枝花芒果为什么这么优秀呢？首先是独特的地理位置。攀枝花地处北纬26°，属干热河谷气候。对比我国几个主要的芒果产区可以看出，攀枝花产区海拔最高、纬度最北，具备了成熟期最晚、品质优越的芒果生产基地的条件。其次是得天独厚的气候优势。一是温度条件，在攀枝花市海拔高度1400米以下的地区，年平均气温20.3 ℃，最冷月的月平均气温也在10 ℃以上，无霜期年平均335天，具备芒果种植所需的温度条件。此外，攀枝花昼夜温差大，最大温差可达22 ℃，白天日照充足，利于植物的光合作用，可以制造、积累更多的营养物质；夜间气温低，植物的呼吸作用弱，能量消耗少，有利于糖分的储存，使得攀枝花的芒果味甜芳香，营养价值丰富。二是降雨条件，降雨和湿度是决定产量高低的关键因子，攀枝花年降雨量为800～1100毫米，干雨季分明，雨季集中在6月上旬到10月中旬，占全年降雨量的90%以上。攀枝花冬春季节较干、夏秋季节湿润，正是芒果生长理想的气候条件。三是日照条件，攀枝花年日照时数2300～2700小时，平均每天6～7小时，芒果是无光不结果的阳性树种，在日照充分的攀枝花产区，芒果花芽分化早、数量多，有利于开花坐果。

　　攀枝花芒果生长以及特色品质的形成与气象息息相关。为此，我们专门编写了《攀枝花市芒果农业气象服务手册》，分析了攀枝花芒果生长发育期的农业气象指标，提炼出攀枝花芒果各时段农业气象服务重点，为芒果种植提供更科学、有效的农事活动指导。气象为攀枝花芒果的生长保驾护航，这正应了那句"科技强国，气象万千"！"阳光的味道"，与你共享！

| 攀枝花米易 | 米易县人民政府　供图 |

☀ "柠檬女孩"养成记

资阳市气象局　杨雯　冯渝　陈海燕
关键词导读：安岳柠檬　资阳气候

近段时间，"柠檬女孩"一词突然爆红在网络社交平台的各个角落：秀恩爱现场、学霸的成绩单之后……你有我没有的东西都能成为网友们变身"柠檬女孩"的催化剂，这个有趣的称谓也瞬间获得了大家的喜爱。但是今天我要给大家介绍的"柠檬女孩"是我们的安岳柠檬。通过圈内人士的"独家爆料"，让我们一起看看在安岳气候的精心呵护下，"柠檬女孩"是如何养成的。

作为中国唯一柠檬商品生产基地，"中国柠檬之都"四川省资阳市安岳县，终年气候温暖湿润，四季分明，雨热同步，搭配肥沃的紫色母质岩层，造就了"柠檬女孩"的舒适家园。

影响"柠檬女孩"生长发育的主要气候因子是热量。安岳年均气温为17.3 ℃，最冷月平均气温为6.6 ℃，最热月平均气温为26.9 ℃，适合"柠

檬女孩"喜温暖但又怕热的特点。"柠檬女孩"很爱美，一年四季都要用花朵和果实来装扮自己，但只有在每年 4 月的春花和 5 月的夏花可以大量挂果，所以有"四月来赏柠檬花，十月来摘柠檬果"的浪漫约定。

适量的"运动"也是"柠檬女孩"成长的关键。安岳常年以平均 1.5 米／秒的微风到小风为主，在风的带动下，"柠檬女孩"舒展着枝叶，摇曳多姿地完成每一次"广播体操"。

我们都知道，勤喝水，身体才健康。"柠檬女孩"也非常爱喝水。安岳年均降水量为 1006.3 毫米，是"柠檬女孩"保持水嫩的秘诀。

俗话说"阳光是个宝，晒晒身体好"，安岳年日照为 1200 小时，满足了"柠檬女孩""日光浴"的需求。不过和所有年轻爱美的女孩一样，适当的防晒也很有必要，我们可以擦防晒霜、打遮阳伞，那"柠檬女孩"该怎么办呢？答案就是穿防晒衣，把自己裹得严严实实，让自己免遭风雨、农药、强烈光线、病虫害等外界刺激，皮肤也变得光洁细腻，还形成了特有的柠檬黄肤色，变得更加乖巧可爱。最终在秋高气爽的时节，以清新酸爽的形象和大家见面，和网络上的"柠檬女孩"一样，瞬间俘获大家的芳心。最后再告诉大家一个秘密，据说"身材"最好的"柠檬女孩"是 3 个 1 斤哦。

| 人勤早春 | 黄击奉　摄影 |

☀ 霜之"哀伤"

资阳市气象局　陈海燕　杨雯　陈瑞

关键词导读：霜　霜冻　农业危害

今天要给大家聊的可不是魔兽游戏中的武器"霜之哀伤"，而是让14万亩柠檬树死亡的霜冻。

先来区分霜和霜冻。霜是近地面空气中的水汽达到饱和，并且地面温度低于0℃时，在物体表面直接凝华而成的白色冰晶，就是白霜。"月落乌啼霜满天""空里流霜不觉飞"，白霜是看起来挺美的天气现象。而霜冻是农业气象灾害，在冷空气入侵的夜晚，空气温度会突降至零度或以下，地表温度也降至零度以下，再加上空气中水汽含量少，会形成我们肉眼看不到的黑霜、暗霜或者杀霜！不管叫什么名儿，都相当的"霸气"。所以，霜和农作物是可以愉快玩耍的好朋友，而霜冻上来就是"恁不死你"。

霜冻的"初恋"发生在美丽的秋天，名叫初霜冻。它总是悄悄伤害作物脆弱的芯，"江湖人称秋季杀手"。春天最后一次出现的称为终霜冻。从终霜到初霜，植株总算"心无旁骛"，健康成长，这期间就是无霜期。

各地初霜冻出现日期也大不相同。新疆、内蒙古和东北、华北等地会

在秋季迎来初霜冻，在四川盆地则常常发生在冬季。根据霜冻发生的季节，分为春霜冻和秋霜冻。春霜冻又称晚霜冻，发生得越晚，对作物的危害越大。1953年4月，中国北方一场大范围霜冻，仅冬小麦就减产50亿斤。秋霜冻又称早霜冻，秋收作物尚未成熟，发生越早，危害越大。2006年9月，初霜冻提前半个月现身，导致玉米灌浆停止，仅内蒙古就有260万亩受灾。

按照发生机制霜冻有3种：第一种是平流霜冻，由北方强冷空气入侵造成。第二种是辐射霜冻，是在晴朗无风的夜晚，地面因强烈辐射散热而出现低温。第三种是混合霜冻，平流加辐射，降温剧烈，空气干冷，"雪上加霜"。它"武功高强""杀伤力"极大，最容易使作物枯萎死亡。

说了这么多霜冻带来的危害，我们应该怎么预防呢？

在危害较重的地区，选耐寒和早熟品种，调整播期，确保作物在初霜冻前成熟收获。可以给果园"穿衣服"，科学种田，地膜覆盖，保温保湿。还有烟熏法，减少地表空气热量散失，国外葡萄酒产地经常这么干，虽然可以减少霜冻危害，但是不环保啊！

最好还是给作物"盖房子"。设施农业气象服务中心，建了1000来个小气候预报模型，专门"收拾"各种"杀手"。"万类霜天竞自由"，告别靠天吃饭，"霜之哀伤不再哀"，气象科技保丰收。

| 雅安市荥经县牛背山天象与气候景观 |

151

四川省气象灾害预警信号——霜冻预警信号

霜冻预警信号分3级，分别以蓝色、黄色、橙色表示。

（一）霜冻蓝色预警信号

图标：

标准：48小时内地面最低温度将下降到 0 ℃以下或者已经降到 0 ℃以下并可能持续，对农牧业将产生影响或者已经产生影响。

防御指南：

1. 政府及有关部门做好防御霜冻的准备工作；

2. 农村基层组织和农户要关注当地霜冻预警信息，对农经作物、林业育种和畜牧业采取防御冻害的措施。

（二）霜冻黄色预警信号

图标：

标准：24小时内地面最低温度将下降到 -3 ℃以下或者已经降到 -3 ℃以下并可能持续，对农牧业将产生或者已经产生严重影响。

防御指南：

1. 政府及有关部门做好防御霜冻应急准备工作；

2. 农村基层组织要广泛发动群众防灾抗灾，做好农业、林业和畜牧业等防御冻害的准备工作；

3. 对农经作物、林业育种采取田间灌溉等防御低温、霜冻、冰冻措施，对蔬菜、花卉、瓜果采取覆盖、喷洒防冻液等措施减轻冻害；

4. 交通运输、电力、通信等部门做好防御低温冰冻和除冰的准备工作，保障交通运输和线路运行的安全。

（三）霜冻橙色预警信号

图标：

标准：24小时内地面最低温度将下降到-5℃以下或者已经降到-5℃以下并将持续，对农牧业将产生或者已经产生严重影响。

防御指南：

1. 政府及有关部门做好防御霜冻的应急工作；

2. 加强防寒保暖措施，做好防御冻害工作；

3. 农村基层组织要广泛发动群众防灾抗灾，做好农业、林业和畜牧业等防御冻害的工作；

4. 对农经作物、林业育种采取田间灌溉等防御低温、霜冻、冰冻措施，对蔬菜、花卉、瓜果要采取覆盖或者喷洒防冻液等措施减轻冻害；

5. 交通运输、电力、通信等部门做好防御低温冰冻的准备，保障交通运输和线路运行的安全。

☀ 小小柑橘金果果，一身是宝大气候

南充市气象局　刘书慧

关键词导读：南充　柑橘　气候

　　"个个和枝叶捧鲜，彩凝犹带洞庭烟。不为韩嫣金丸重，直是周王玉果圆。"这是晚唐诗人皮日休笔下所描绘的柑橘。正如诗中所写，唐代的果州因盛产柑橘而享誉全国。柑橘：橘、柑、橙、金柑、柚、枳等的总称，由根、茎、叶、花和果实组成，花单生或 2～3 朵簇生，花萼不规则，花瓣通常长 1.5 厘米以内，花柱细长，柱头头状，花期 4—5 月，果期 10—12 月。

| 朝阳湖 |

我给大家简要介绍了柑橘。我恰巧来自中国晚熟柑橘之乡——过去的果城，今天的南充，我的家乡经过了 1000 多年的发展，如今依然盛产柑橘。据研究，柑橘起源于中国云贵高原，沿长江而下，传向淮河以南，直达岭南地区。柑橘经过了长期的栽培、选择，已成为我们普通大众人人爱吃的果品了。在这个传播的过程中，南充的春见、沃柑、大雅、爱媛、不知火、血橙等，一代又一代的柑橘品种也见证了天气的阴晴冷暖。一个小小的柑橘是如何在南充历经千年不衰的呢？

首先简要介绍一下南充的总体气候：亚热带湿润型季风气候，四季分明，雨热同季。冬季气候温和，最冷月 1 月的平均气温 0 ℃以上；夏季炎热多雨，偶尔会出现夏旱现象；秋季多连绵阴雨，常有云雾天气。这里我们再来看一组数据：南充常年平均气温 17 ℃，昼夜温差小，10 ℃以上积温年累计达 5500 ℃，无霜期达 300 天以上，年降雨量 1000 毫米左右，年日照 1200 小时左右。这样的气候是柑橘喜欢的吗？当然！柑橘树是亚热带常绿树，它喜欢温暖湿润气候，不耐低温，较耐阴。正是我们南充独特的地理气候，为柑橘的繁衍生息创造了长盛不衰的基础条件。

每年南充的 4 月中下旬到 5 月上旬，干燥少雨，这个时段，十分有利于柑橘花的授粉，有人曾形容这时候的果城"香阵满三千，青枞开万朵。嗔风摇五蕴，簌簌同心瑣"。徜徉林间，甜甜的柑橘花香已经让人对 6 个月过后的果实充满了期待。

转眼到了夏季，七八月，树梢上的果子初露端倪，正是需要大量水分的时候，7—8 月本地的降水量足足达 300 毫米，甚至更多，占全年总雨量的 30%。充足的水分让果子生长发育迅速，变得圆润饱满。看着果实一天天长大，果农们的脸上早已洋溢起丰收的喜悦，因为意味着收获的秋天已经来临，果皮由青变黄。如果说夏季的雨水决定了果实的产量，那么这个时期的日照、温度就决定了果子的甜度。在温暖的气候条件下，柑橘果实含糖量和糖酸比升高，含酸量和维生素 C 含量降低，果汁和果肉比率提高，果皮比率下降，这让南充的柑橘皮薄肉多、浓甜芳香、果汁丰富、风味极佳。

好了，到了这时候，有的柑橘品种已经成熟可以上市了，还有的柑橘要经历一段不稳定的时期，因为这时容易出现低温、冰冻灾害等天气，有可能让果农辛勤的汗水付之东流，好在南充的冬季日平均气温不低，在柑橘可接受范围内，不会产生极端恶劣的影响。但偶尔也会出现极端天气，例如，2020年的冬天，我国出现了拉尼娜极寒天气现象，南充也受到波及，极端最低气温 -6.4 ℃，果园不同程度地受到影响。正所谓"不打无准备之仗，不打无把握之仗，每战都应力求有准备"，在灾害来临之前，气象部门给每一位果农发布预警信息，深入田间提醒大家提前采摘或者采取套袋、搭棚等防范措施，将气象灾害风险损失降到最低。

当这样香甜可口的柑橘摆在你面前的时候，你可知道它是怎样由一枚小小的柑橘花蜕变成长为一个个圆润饱满香甜的金果果的？它的成长过程中穿越了一个怎样纷繁复杂的四季，并最终代表我们南充"水果之王"走入了千家万户？是微风、是细雨、是阳光，这些我们所拥有的独特的气候条件，造就了玉果、珍果，更是有一直为柑橘默默保驾护航的气象工作者。是他们的无私奉献、辛勤耕耘，促使南充晚熟柑橘产业发展实现了历史性突破，总面积已发展到130万亩，产量达到65万吨，鲜果总产值达60亿元，面积居四川省第一，产量列四川省第二。

2019年，南充更是被四川省授予"晚熟柑橘优势区"。我们的多个品牌也都先后获得农业部地理标志产品认证，我们的柑橘产业已俨然成为南充乡村振兴的一项重点产业，南充果城

的名片也在这片雨露中熠熠生辉。

正所谓中国要强,农业必须强;中国要美,农村必须美;中国要富,农民必须富。我们南充柑橘已搭上实施乡村振兴战略快班车,我们果城气象人也必将继续发扬"准确、及时、创新、奉献"的气象精神,不忘初心,牢记使命,把满足公众对气象信息的需求作为气象工作的出发点、落脚点,为人民群众对美好生活的向往贡献气象智慧。

| 泸州罗汉林气象监测站 | 魏廷华　摄影 |

☀ 荔枝"安家"记

泸州市气象局　赖自力　沈玥琪　李红玉

关键词导读：荔枝　泸州气候

"一骑红尘妃子笑，无人知是荔枝来。"说的是唐明皇为博贵妃一笑，让人策马千里从泸州送荔枝到长安的故事。今天我们就从泸州荔枝来谈一谈气候变迁。

泸州合江荔枝已有近2000年的栽培历史，被公认为是全球高纬度最北缘的荔枝晚熟基地。以其最北、最晚熟、最名贵、最独特的口感而得名。

荔枝是亚热带水果，喜欢生活在高温、高湿和光照充足的地方。原产于岭南一带。在历史长河中，气候不断地变迁，而荔枝也开始了由南往北的搬迁。通过竺可桢先生对中国5000年的气候考证可以看出：秦汉年间是我国气候的一个温暖时期，荔枝北迁到四川，居住在宜宾、泸州、重庆、万县。到了隋唐和北宋，气候开始越来越暖和湿润，于是荔枝继续北扩，在成都、乐山、雅安的河谷地带安了家，是有史以来荔枝在四川种植范围最宽广的时期。但从南宋12世纪到明清，气候开始逐渐寒冷干燥，这对生性畏寒的荔枝来说，无疑是一致命打击，再加上温度环境影响下，越往北的荔枝果子越小、口感越酸，失去了作为经济作物的价值，果农缺乏种植管理兴趣，面积缩减，只好开始南退，荔枝的盛世也因此一去不复还。经过南来北往不断迁徙，泸州合江最终成了荔枝在地球上最北边的家。

荔枝对环境的温度要求比较严格。合江常年平均气温18 ℃，符合荔枝种植对气温的基本要求。合江1月和2月的平均气温分别在7.5 ℃和10 ℃以上，最冷月1月极端最低气温低于1 ℃的现象较少。合江常年平均无霜期350天左右，比荔枝生长要求的无霜期330天要高20天，这不仅可以让荔枝树安全越冬，也减少了发生冻害和低温冷害的概率。荔枝在花

期要求平均气温在 20 ℃以上，而合江 20 ℃开始期比两广地区推迟 1 个月左右，所以合江荔枝从花芽分化到成熟都相应推迟了 1 个月。虽然合江光、热、水资源都非常适宜荔枝生长，但荔枝从果子形成到成熟，积温要求在1800 ℃以上，同期相比合江积温比沿海地区少 500 ℃左右，再加上日较差小、光照偏少，孕育了合江荔枝的晚熟品种和独特果酸味，久负盛名。

　　荔枝在泸州合江等地衍生和繁殖近 2000 年，成了全国著名的荔枝晚熟基地。合江荔枝承袭了荔枝族多年的优良基因，以其晚熟、皮薄艳丽、个头大核细小、肉厚汁多、晶莹透明、脆嫩浓甜、清香馥郁、细腻化渣的独特风味著称，唐明皇为博杨贵妃一笑，让合江荔枝远去长安成为贡品。如今荔枝已成为合江的城市名片，获得了奥运水果"一等奖"、林博会"金奖"。欢迎大家到泸州合江，参观一下荔枝最北边的家，品尝一下合江荔枝，看看它是名不副实，还是名副其实呢？

| 泸州市叙永县　丹山云海 |

☀ 泥巴山焚风与清溪贡椒

雅安市气象局　彭贵康　吴亚平

关键词导读：汉源花椒　焚风　气候特点

汉源花椒历史悠久，据《汉源县志》记载，唐代汉源花椒即列为贡品，故名"贡椒"。汉源花椒果粒大、含油高、色泽深红、芳香浓郁、醇

| 雅安市天全县喇叭河秋景 |

麻爽口，色、香、味、麻等都为全国最优，实为正宗"川菜之魂"。在中国，花椒产地甚多（四川、陕西、云南、河北、山西等地），而独有汉源花椒的品质最好，这究竟是什么原因呢？

在四川，民间自古便有"清风，雅雨，建昌月"的说法。"建昌月"说的是西昌多见月亮；"雅雨"大家都知道了；而"清风"说的是：地处泥巴山背风坡的汉源县清溪乡多干热风。

当湿空气翻越高山时，常在山的背风坡形成高温干燥的下沉气流，气象学称其为"焚风"。清溪干热风就是典型的"焚风"。

在迎风坡，未饱和空气每上升 100 米，温度会下降约 1 ℃；上升到一定高度时，湿空气达到饱和，湿空气每上升 100 米，温度会下降约 0.5 ℃，凝结的水汽变成雨或雪，在迎风坡降落，雨或雪降落后，空气变干，翻越山顶；在背风坡向汉源清溪吹的时候，每下降 100 米，温度升高约 1 ℃，气块到达山麓时气温远高于迎风坡山麓，湿度远低于迎风坡山麓，所以形成"焚风"。气象学中，把没有和外界进行热量交换的气块运动变化过程称为绝热过程。而清溪焚风的形成过程中，气块在迎风坡降落了雨或雪，和外界进行了热量交换，是假绝热过程的典型例子。

泥巴山的"焚风效应"造成了泥巴山南北的气候迥异：迎风坡多雨寡照，年平均干燥度低于 0.5；背风坡温暖少雨多日照，年平均干燥度近 1.5，特殊气候造就了清溪花椒独有的优异品质。

汉源花椒，2004 年荣获中国国家地理标志产品，又在 2018 年中华品牌商标博览会获得金奖。

|九寨沟诺日朗瀑布 | 王平章　摄影 |

☀ 养鱼和天气

四川省农村经济综合信息中心　林珊

关键词导读：天气　养鱼

众所周知，鱼儿离不开水，其实养鱼也与天气密不可分。只有了解养鱼中的气象学问，才能充分发挥气象科技对水产养殖的保障作用。

天气主要从水温、水中含氧量两个方面影响养鱼。

鱼是变温动物，体温随水温而变化，水温高低直接影响到鱼类的摄食与生长。养鱼适宜的水温一般是在 15～30 ℃，最适宜的水温是 20～28 ℃。鱼在水温 10 ℃时开始摄食增重；15～20 ℃时摄食量增加，增重加快；

20～30 ℃时食欲旺盛，摄食量多，生长最快；水温低于 10 ℃，食欲停止，鱼逐渐休眠。

水中含氧量也直接影响到鱼的摄食生长。含氧量高，鱼摄食旺盛，消化率高，生长快；含氧量低，鱼生理不适，摄食少，易出现"浮头"现象，甚至死亡。水中含氧量的多少，取决于水生植物光合作用制造的氧，晴天日照时间长，光照强，水生植物光合作用强，制造的氧气多；阴雨天则反之。大气里的氧气也可溶入水中，气压高，风力大，水温低，水速大，溶入水中的氧气就多；反之则少。雷雨天气前气压低、天气闷热时，水中的氧气还会扩散到空气中。

了解天气是如何影响鱼的生长，我们就可以根据天气情况对投喂量进行调整。夏季多投，冬季少投或不投。天气晴朗，鱼活跃，多投饵；阴雨天，少投饵或不投饵。长期炎热突然转冷、雷雨之前气压较低、天气闷热或阴雨天要少投；有大雾时须待雾散后再投饵料。

水中缺氧，鱼浮到水面向大气要氧的现象称为"浮头"。因水中缺氧造成鱼类窒息死亡现象称为"鱼泛塘"。24 小时内气温陡降 10 ℃以上，鱼池表层的水温也随之迅速下降，造成池水表层冷水下沉，下层缺氧的暖水上翻，引起水的对流使池底腐殖质翻起，加速分解，继而消耗大量氧气，造成鱼严重缺氧，若不及时增氧，将会造成死亡。雷雨前气压较低，较强冷空气到来后，温差在 10 ℃以上时都会造成水中含氧量降低，引起"鱼浮头""鱼泛塘"。因此，我们可根据天气预报对"鱼泛塘"做出警报。浙江省嘉兴市气象局总结出发生"鱼泛塘"的 3 种天气类型：低压寡照强降温型，低压多照急降温型，低压高温雷雨型。

为防止"鱼泛塘"，我们要随时注意天气变化。当有不利天气出现之前，少投饵或不投，少施或不施肥料。发现"鱼浮头"时，应立即大量灌入新水或开动增氧机增氧，直到鱼恢复到正常进入水层为止。对可能发生"浮头"的鱼塘，一是适当施肥，适时加灌新水；二是机械增氧；三是调节池塘浮游动物的数量和成分；四是使用食盐溶液等泼浇，紧急时也可用石膏粉全池泼浇，以减轻"浮头"程度。

☀ 长在床上的猪——发酵床与气象

四川省农村经济综合信息中心　沈沾红

关键词导读：发酵床　气象控制

俗话说："没吃过猪肉，还没有见过猪跑吗？"那你见过跑在"床"上、长在"床"上的猪吗？猪饿了"大快朵颐"，困了"酣然入梦"，急了"就床解决"，猪场没有臭气熏天的猪粪味。其关键就在这个神奇的"床"上，它就是发酵床。

发酵床的秘密很简单：第一是"做床垫"。将锯末、秸秆等一种或几种按照一定比例与酵母菌、芽孢杆菌等有益微生物混合、发酵形成垫料，床垫就做好了。第二是"铺床"。将垫料运进猪舍堆放 80～120 厘米厚，铺床结束。第三是猪群和床"亲密互动"。猪群在垫料上生长、排泄，通过自身拱食将粪尿和垫料充分混合；而垫料中有益微生物则对粪尿进行分解，粪尿 80% 转化成 NH_3、CO_2、H_2O 排放到空气中，20% 合成菌体蛋白进入垫料重新被猪群拱食，这样就完成了猪床"循环互动"。通过以上三步，猪场能实现无臭味、零排放、无污染低碳养殖。

那我们怎样运用好发酵床呢？关键之一就是控制好气象环境。气象环境是发酵床的基础保障，它包括垫料气象环境和圈舍气象环境两方面。

首先，垫料气象环境对发酵床有重要影响。垫料中温、湿度过高或过低都不利于微生物发酵。因此，发酵床垫料应保持内部温度 45 ℃，表层温度 20 ℃，湿度 50% 左右。判断方法很简单，随手抓一把垫料握紧，松开后能够散开而不滴水就是理想的温、湿度状态。

其次，圈舍气象环境对猪群影响较大。温度过低，猪会着凉感冒；温度过高，易发生热应激；湿度小于 50%、大于 80% 猪群都易感染呼吸道疾病；而光照则影响幼猪发育和成猪繁殖能力。一般发酵床圈舍温度应控制在 20～25 ℃、湿度 50%～75%，根据本地自然光照规律计算日照时数进行

早晚补光。

在一年四季气候变幻中，发酵床养猪要重点关注夏季和冬季。夏季要注意降温：气温 30 ℃以下，只需打开天窗自然通风；当气温 30～35 ℃时，需要打开排气扇强制通风；气温大于 35 ℃时，则要用全自动喷雾装置辅助降温。冬季管理比较简单，注意通风换气、防湿就可以。

这就是发酵床养殖的秘密，其实也不是那么神秘，你觉得呢？

| 甘孜县的 L 波段雷达 | 甘孜藏族自治州气象局　供图 |

☀ "中江挂面"的气象密码

德阳市气象局　胡文婷
关键词导读：中江挂面　气候特征

"中江烧酒中江面，一路招牌到北京"，起于宋盛于清的中江手工空心挂面声名渐盛，2008年其制作技艺入选第一批四川非物质文化遗产，2011

| 绵阳市气象局办公楼及新一代天气雷达塔楼 |

年获国家地理标志保护。您可知道"中江挂面"和气候息息相关?

制作挂面的原材料来自中江县北部 7 个乡镇出产的强筋小麦所生产的面粉,面筋值 27%～30%,如此高的面筋值保证了挂面久煮不烂。这里年平均气温 16.7 ℃,气候温和,降水丰沛,年日照时数近 1200 小时,较川西其他县(市)充足,这些条件为高品质小麦生长创造了良好的自然条件。

如果你去问一位挂面制作师傅,制作挂面首要考虑的是什么?他会回答您:天气!是不是有点意外。

传统手工挂面生产要经过和面、开条等十八道工序,历时近 24 小时。手工制面是一项靠天吃饭的传统技艺,首先考虑的是气象因素,日照和空气湿度决定了挂面的口感。所以每年制作时间限定在 10 月到次年 4 月,这期间日照时数约 500 小时,平均空气湿度 71%～82%,平均气温 5.6～17.4 ℃,温度适宜,阳光柔和,降雨少,是制作挂面的最佳时间。

过去没有天气预报,村里人制面全凭经验,当看到村里德高望重的老师傅开始从井里取水时,其他人家才开始打水和面。原来老师傅是通过查看对面老鹰山头能见度来判断天气,如果山头云雾升腾,看不到老鹰山,则预示天气不好,有可能下雨,绝不能开工制面;反之,能清晰地看到老鹰山则说明天气较好,可以开始制面。我们都知道,面不能淋雨,一旦挂面淋湿了,那么这茬面只能作废。

面条虽小,但是却要受温度、日照、风和降水的影响,如何改变挂面村"看天作业""听天创收"的现状,气象人挺身而出。2021 年初,德阳市气象局建设的"中国挂面村"精细化气象服务项目在中江落实落地。气象部门将实时、有效、科学地监测温度、风向、风速、雨量等多种气象要素,并通过电子显示屏等设备,为广大村民提供挂面制作期间,1 小时精细化滚动气象服务。

如今,中江挂面人传承自然技艺,仰仗"老天"馈赠,祖祖辈辈以"面为弦、劳作歌",依靠着气象科技的翅膀,让传统技艺再次生辉!

☀ "风儿与庄稼，缠绵到天涯"

四川省农业气象中心　邹雨伽　张菡

关键词导读：风与农业生产　利与弊

我是风，英文名叫"wind"，因空气流动而诞生。我气质一流，造型多变，可以说无处不在。你看，下面都是我的各类写真。

我自我感觉挺有存在感的，但是一提到农业生产呀，大家却都只看重光、温、水。这我就有意见了！我对农业生产也是举足轻重的！不信，请您听我一一道来。

我能够带着植物种子四处旅行安家，让它们能在更广阔的天地扎根。我也能够带走花粉，帮助它们授粉。我的速度和力量能有效影响种子传播距离及植物授粉效率。散播植物气味，通过传播花香帮助植物们吸引昆虫传授花粉，让它们可以更好地结果，也是我光荣的使命。

当我温柔轻盈地在植物间穿梭时，植物依托我带走蒸腾作用产生的水汽分子和 CO_2，同时带来含有较多 CO_2 的干燥空气，这能显著提高植物的光合作用和蒸腾作用。同时，蒸腾速度的增加，会促进植物根系吸收，加强对土壤养分的摄取。

此外，我还是温度调节小能手呢！夏季，我能降低夜温，增强昼夜温差，促进作物营养累积。冬季，我吹走近地层的冷空气，保护庄稼不遭受霜冻的危害。

不过，我也有我的小毛病，偶尔还会发发脾气！在我传播花粉和种子时，我也没有办法进行挑选，因此，其中会夹杂杂草种子，扩大杂草生长范围。不经意间也会带走病原体，引起作物病害的蔓延，如小麦条锈病等。还有部分害虫也会借助我迁飞，如粘虫及稻飞虱等，每年春夏随偏南气流北上繁殖，扩大危害区域，入秋后又随北风回到南方温暖潮湿的地区越冬。

对于干旱的地区或季节，我促进作物蒸腾作用加速则会导致作物耗水增多而关闭叶片气孔，降低光合强度。我也会加速土壤水分消耗，加重旱情，同时带走大量表土，这也是土壤风蚀产生的原因。

当我不断膨胀，速度加快，6 级强风大树摇，此时的我就会对农业生产产生危害。当风速大于 17.2 米 / 秒，达到 8 级时，危害就更严重了：轻则断枝、落花、落果，影响作物生长发育和产量形成，重则刮倒树木呢！有研究显示，在水稻开花前后暴风袭击产生的倒伏会造成严重的减产。

| 亚丁 | 罗振远 摄影 |

我也不是一直"solo"（单独）作战，组团出道，"C 位"我也当仁不让。沙尘暴听过吗？这主要就是依靠我吹起地面尘沙造成空气混浊，致使水平能见度小于 1 千米。沙尘暴组合所到之处，会造成农田草场沙埋，也会刮走沃土，还可能使作物遭受霜冻。

暴风雪组合也有我哦！在不能判断有无降雪时，当我卷起大量的雪造成水平能见度低于 1 千米时，我们就有了专有名词"雪暴"啦。暴风雪这个组合在畜牧业中可是大名鼎鼎的"坏人"呢。

在农业生产中，我有利有弊，所以农民伯伯们也学会了趋利避害。有的地方种植了防风林，打造了风障。在风蚀沙化区也推出了各种政策封沙育草、育林。还有的地方通过选育矮秆或者茎秆坚韧的作物品种、对庄稼果树立杆支撑来减少我带来的损失。作物种植行向与盛行风向一致也很有帮助。不过我是不会消失的啦，不管是好是坏，农业生产只能和我一起"浪迹天涯"啦。

☀ 风过泸州带酒香

泸州市气象局　赖自力　刘译壕　王甚男
关键词导读：泸州　气候资源

在泸州流传着这样一首歌：长江水，万里情，一路山水好风景；古道边，饮甘泉，我的家乡就是那么美；我们这里喝酒像喝汤，姑娘小伙儿都豪爽；敬你一杯泸州酒，祝你健康岁岁平安……这首歌道出泸州是酒城，唱出泸州人的耿直。

下面就和大家一起分享泸州的酒和气候的故事。

泸州是一个酒与城共生的城市，酒成了泸州特有的印记。风过泸州带酒香，香飘万里四海扬，天地双洞酿蔺郎，百年老窖遍地香。这些都表达了泸州人与酒千百年来解不开的情缘。

泸州地处四川盆地与云贵高原过渡带，全年气候温暖，年平均气温18 ℃，雨量充沛，年降水量1150毫米左右，日照适宜，年日照1200小时，是北纬28° 亚热带气候类型的范本，具有得天独厚的生态酿酒环境，被联合国教科文及粮农组织誉为"在地球同纬度上最适合酿造优质纯正蒸馏白酒的地区"。

离开泸州酿不出老窖酒，酿酒专家做过很多尝试，甚至把原班人马、原料、窖泥搬到异地进行酿制，却无一成功。所以说，技术手段和原材料虽然可以模仿，但泸州得天独厚的气候条件和自然环境却不能如法炮制。

首先，好酒取决于好原料——糯红高粱。因为泸州入春早，历年入春时间在2月下旬到3月上旬，较同纬度地区早15天以上。高粱播栽早，整个生长期更容易避开低温、阴雨寡照、暴雨和高温伏旱的危害。泸州夏季温、光、水同季，造就了优质的泸州糯红高粱（颗粒饱满、淀粉含量高、耐蒸煮、易发酵、出酒率高等特点），成为制作高端白酒的最佳原料。

其次，有益微生物是高粱发酵的"动力"，泸州酒窖中有益微生物达400余种，高出其余酒类数倍。酿酒微生物的富集和繁殖，需要较高的温度和特定的湿度。泸州年平均气温与同纬度地区相比，偏高1～3 ℃；最冷月平均气温8 ℃，偏高5～7 ℃；极端最低气温仅 -2 ℃，偏高10 ℃以上，气温日较差小，无霜期达300天以上。就相对湿度而言，泸州拥有湿热的长江沿岸和干热的赤水河谷，分别适宜不同的酿酒微生物群的繁育，独特的气候条件孕育了享誉全球的两大白酒——浓香型泸州老窖和酱香型郎酒，是全国唯一一个可以同时生产两种香型白酒的地方。

最后，可以说，是泸州特有的气候资源造就了泸州酒的回味悠长，同时泸州酒也通过它的独特醇香将泸州带向世界。四川天下秀，最美数泸州，风过带酒香，人到乐忘忧。

| 泸州老窖黄舣酒业园区 | 泸州市气象局　供图 |

人工影响天气

☀ 人工增雨

四川省人工影响天气办公室　林丹

关键词导读：人工增雨　手段　作用

相信在大家的生活中，特别是遇到干旱、森林火险以及雾/霾天气时，经常能听到"人工增雨"这个词汇，但多数人可能并不明白人工增雨是怎样实现的，它的科学原理又是怎样的呢？所谓人工增雨，是指人为对某一地区上空可能下雨或者正在下雨的云层进行催化影响，从而最大限度地开发空中云水资源，增加降水量。

所有的云都可以进行人工增雨吗？不是的，人工增雨不是凭空造雨，它也必须要具备一定的条件才能成功。根据气象学的原理，一般自然降水的产生，不仅需要一定的宏观天气条件（充足的水汽、上升运动等），同时还需要满足云中的微物理条件，0 ℃以上的暖云中要有大水滴；0 ℃以下的冷云中要有冰晶，如果没有这个条件，天气形势再好，云层条件再好，也不会下雨。

对于人工增雨来说，只有当云系发展到了一定的厚度，云中缺乏冰晶，拥有丰富的过冷水，且云体外面也需要有充足的水汽通过辐合抬升不断地补充到云体当中，这样的云体才具备了人工增雨的作业条件。

对于这种云，我们常常是通过在云中播撒制冷剂或者人工冰核，也就是在云内人为地制造冰晶，来促使水滴蒸发，冰晶增长，当冰晶长大到一定尺度后，发生沉降，沿途由于凝华和碰并增长变成雨滴，从而达到增雨

的目的。

目前人工增雨主要有两种手段：

第一种手段是以高炮和火箭为主的地面作业，以炮弹和火箭为载体，将催化剂在适当的时机、按适当的剂量输送到云的适当部位。这就是专门用来人工增雨的炮弹和火箭弹（当然不是打仗时用的有杀伤力的炮弹和火箭弹，弹头是改装过的，内部除了少量炸药外还装有碘化银）。当炮弹和火箭弹发射到一定高度时，碘化银会随弹头一起爆炸，产生大量的碘化银粒子，这些微粒会随着气流运动，进入到云中，使得空气中的水汽更多凝结降落到地面。

第二种手段是飞机作业。综合分析当时的气象条件，选择合适时机，经空域管制部门批准，利用飞机上的播撒装置向云中播撒催化剂。相比在地面发射炮弹和火箭弹作业，飞机作业更加灵活，催化影响面积也更大，同时还可装载探测仪器对云层进行微观结构的观测。

全国几乎每个省（自治区、直辖市）都在开展人工增雨作业，通过人为增加降水量，为缓解旱情、水库蓄水、改善空气质量、降低森林火险等级等做出了积极贡献。

| 一飞冲天 | 张世妨　摄影 |

☀ 揭秘飞机人工增雨

四川省人工影响天气办公室　马超　林丹

关键词导读：飞机增雨　催化剂

利用飞机进行增雨对我们气象人而言可能非常熟悉，但在普通人眼里却很神秘，现在我们就来揭开这层神秘的面纱。

| 雅拉雪山 | 高良　摄影 |

　　首先，我们看看什么是飞机人工增雨，顾名思义，就是利用飞机向合适的云层中播撒适量的催化剂，使云物理结构和云的发展过程发生变化，从而达到增加降雨的效果。增雨用的飞机都是什么样子呢？以四川省常用的飞机为例，有夏延飞机、国王飞机、新舟飞机，这些都是螺旋桨飞机，还有涡扇结构的桨状飞机等，它和我们平时乘坐的飞机有点像，但都要小一些，更适合用来增雨。

　　其次，飞机在云层里播撒的催化剂到底是什么东西呢？催化剂可以分为暖云催化剂和冷云催化剂两大类，我这里主要讲一下冷云催化剂。它用途最广，主要有两种：一种是碘化银催化剂，它是用燃烧碘化银烟条的方式在云中播撒；另外一种是液氮催化剂，将存有液氮的罐子运上飞机，然后再通过一根管子将液氮播撒在云中。

　　飞机增雨能够用来做什么呢？其实它离我们的生活并不遥远。例如，抗旱、防雹、森林灭火以及消除雾/霾等都可以见到它的身影，应用非常广泛。比如，美国对越南战争期间，曾向越南投下将近500万颗增雨弹，造成重大暴雨灾害。在电影《战狼》中也应用到了人工降雨来消除石墨炸弹对电子设备的危害。

　　人工增雨既然用途这么广泛，我们自然要弄清楚它的原理，以便加以更加高效地利用它。我就仍以冷云催化剂来举例分析。它是在云中播撒碘化银等制冷剂，这些制冷剂会形成几百万亿颗冰核，冰核会转化成冰晶，冰晶增长到一定程度会下落，进而融化成为雨滴，从而达到增雨的效果。

　　最后，我们看一下飞机增雨的最新技术研究——无人机增雨。之前提到的飞机都是有人驾驶飞机。无人机与有人驾驶飞机相比，拥有成本更低、适用范围大、应对复杂天气能力强等优势，代表着飞机人工增雨的未来。

☀ "手眼通天的柳叶刀"——大型增雨无人机

四川省人工影响天气办公室　张丰伟

关键词导读：人工增雨　增雨无人机

近年来，森林火灾频发，随着人工增雨科普知识的广泛宣传，人们在抗旱、林火扑救以及生态环境修复等方面都很自然地想到人工增雨。

我国从 300 多年前就有使用土炮防御冰雹的记载，开始了人工影响天气（简称人影）的探索，直到 1958 年，我国首次开展了飞机增雨试验，在 1987 年的大兴安岭特大森林火灾扑救中发挥了重要作用。目前，传统的人工增雨作业手段主要有地面高炮、火箭、地面烟炉、气球焰弹和高性能增雨飞机等。新时代背景下，随着各学科领域的突飞猛进，人影作业手段也实现了历史性突破。

最为成功的当属大型固定翼增雨无人机。全球首架大型人工增雨无人机，由我国自主研制的翼龙 2 型察打一体无人机改装而来。利用无人机的优势，完成了传统有人飞机和地面装备不能完成的增雨任务。目前已成功执行了多架次增雨作业任务，巧妙地利用无人技术将凝结核放在了催化云中我们需要的位置。那么大型无人机是怎么实施人工增雨作业的呢？

它由探测系统、催化系统和通信系统组成。

探测系统就是无人机的"眼睛"；位于机头下方的机载雷达和云粒子谱仪，直接去给云层"把脉"，筛查 2～6200 微米尺度的云中粒子分布情况；两侧机翼下方云粒子成像仪和降水粒子成像仪，零距离拍摄云滴、雨滴、雪花、冰晶的分布形态。

卫星通信链路就是无人机"通天的神经"，将"眼睛"看到的数据实时回传给地面站的指挥人员，研判作业条件。地面控制站中，飞行员和操作人员协同控制无人机的飞行以及搭载的各种装备执行任务。

无人机在云中往复穿梭，就像在给云层做 CT 扫描。当成功捕获目标

| 光雾山景区 | 巴中市气象局　供图 |

区时，人影指挥员就下达作业命令，任务操作员发出点火指令，无人机的"双手"，也就是催化系统开始向云中播撒催化剂。

说到这里，还是要提一下自然降水的三要素：一是水汽，二是气流的上升运动，三是充足的凝结核。大型增雨无人机就像外科医生手中的柳叶刀一样精准地直达"病灶"，在云层中适当的位置，补充凝结核，吸附云中的水汽，不断聚集，使水滴长大。作业完成后，地面上一场降水如约而至。

人工影响天气正在积极探索常态化无人机增雨作业。相信随着手段的更新，保障措施的不断完善，人影作业将会越来越科学、精准、安全，实现新时代的跨越！

☀ 云端"活水"这样来

德阳市气象局　罗倩
关键词导读：人工增雨

　　2021年3月1日下午，江西省吉安县，天气微微小雨，突然间"嘭"的一声惊到了当地村民，令村民没有想到的是，一架正在执行人工增雨作业任务的飞机坠落在一栋民房内，机上5人全部遇难。事发之后，人们纷纷痛悼这些为抗旱献出生命的英雄们。然而，在这些评论当中，我们也听到了一些不一样的声音。有网友疑惑：为什么天气燥热不实施人工降雨，

| 阿坝藏族羌族自治州小金县巴朗山云海 |

现在下雨了反而要人工增雨呢？

其实，人工增雨不是"变魔术"，我们不能"无中生有"地变出雨来，只能对可能下雨或者正在下雨的云层施加影响，从而最大限度地开发云中潜在的降水资源，增加降水量。大家可以把我手上这块湿漉漉的海绵想象成头顶的云。这朵云呢，正在降雨，大家可以想一想，是否容器当中承接到的雨水就是海绵的含水量呢？显然不是！这个时候，想让更多的水下来，我们只需要像这样给它施加一个更大的压力。而对于云，催化剂就可以大显身手了。但是，如果我们拿起这一块干燥的海绵，无论对它施加多大的压力，都不会落下一滴水。云也是如此，在干燥的晴天，无论我们向云中播撒再多的催化剂，都不会降下一滴雨。

究竟什么样的云会为地面增加降水呢？首先，云系要发展到大于2000米的厚度；其次，云里边要有低于0 ℃的过冷水；最后，云中要有充足水汽供应且有上升气流。这样，我们将催化剂播撒到云中的有效部位，才能起到人工增雨的作用。

可是，没有"腾云驾雾"的本领又怎能将催化剂播撒到云中呢？所以接下来要为大家介绍人工影响天气作业的"4位选手"。一号"选手"：飞机，该选手擅长将催化剂直接播撒到云中，它的机动性强，携载能力强，作业面积大；二号"选手"：火箭，这位"选手"播撒催化剂的影响范围更为集中，适合在固定区域作业，尤其适合在影响一号选手大展身手的对流云中作业；三号"选手"：高炮，该选手数量众多，主要用于强对流云的消雹作业，炮弹在五六千米高空的云中爆炸，将催化剂播撒到目标云中，同时爆炸产生的冲击波也会对干扰冰雹云团的运动状态起到一定的作用；四号"选手"：地面燃烧炉，该选手相较于前面三位最大的优势在于不受空域限制，作业时非常"安静"，常"蹲守"在山区，"默默地干活"。

从1958年我国启动人工影响天气试验以来，把"云中水库"搬运到地面的梦想成了现实。60多年来，人工影响天气已经成了我国防灾减灾、生态文明建设的有力手段，未来在服务农业、保障水资源安全等方面将发挥更大的作用。

☀ "老炮儿"的生命之旅

绵阳市气象局　王一二

关键词导读：人工增雨　流程　效应

　　我是一枚人工增雨火箭弹。我和战友们有一个响亮霸道的别称——"老炮儿"。我虽有着纤细修长的身材，却有着惊人的肚量。在我苗条的身体里，装有大量的人工增雨催化剂和火箭飞行推进剂。最近春旱少雨，恰是需要一场人工增雨来帮助万物复苏，所以，今天我和我的战友们将真正开启属于自己的生命之旅。开始旅程前，我的主人们得对天气及云层进行一整天的跟踪及判断，当确认一切正常并具备作业条件以后，我们就被带上了一辆专用皮卡车。此时此刻，我的内心始终有些惶惶不安，因为今天我将为一场宝贵的春雨做出贡献。

　　不知过了多久，汽车已经把我们带到了一个相对安全的地方。这个地方必须远离城市、居民区以及厂房和公路。这里空间开阔、人口稀少，是非常适合我们的发射阵地。

　　接下来，主人们严格按照航空部门批准的时间，将我们妥当地安装至火箭发射架，同时设定好我们的发射角度和方位！正所谓"养兵千日，用兵一时"。他不舍却又坚毅地将我身体里的飞行推进剂点燃，"嘭"的一声巨响，我腾空而起了！

　　"嘶……"，这里好冷，转眼间我已经飞到了距离地面3000～5000米的高空。这里的温度也比地面低了25～30 ℃，我被云朵包围着，云朵里面全是耀眼的水汽和冰晶。可我来不及欣赏，赶紧工作吧。我慢慢地将我体内的碘化银，也就是人工增雨催化剂通过身体上的小孔向云层播撒，碘化银与云里的水汽和冰晶迅速结合，无数小水滴相互碰撞逐渐变成了大水滴，在重力的作用下向地面降落。我一边飞行一边播撒，在我飞行的路径上形成一条看不见的带状催化剂影响区，并且在高空风力的作用下，催化

剂影响区迅速扩大。大家可不要小看我，在合适的气象条件下，我这一枚"老炮儿"的影响区域可以达到 80 平方千米，有效增加降水 15 万立方米以上。

不知不觉殚精竭虑的我，总算完成了工作。我乘坐着藏在体内的降落伞，开始以每秒 7 米的速度缓慢降落。或许大家以后会在地面的某一处角落遇到我。请不要害怕，我既不会爆炸，对周围也没有任何危害，请帮我联系当地的公安机关或气象部门，我的主人们会将我带回进行专业的处理。

我，一枚"老炮儿"短暂而有意义的一生就此结束，但如果生命有轮回，我想我将轮回在这片湛蓝的天空、温润的雨水和你们的记忆之中！

| 人工影响天气作业装备　甘孜藏族自治州气象局　供图 |

气象与生活

☀ 竹海里的"空气维生素"

乐山市气象局　闫燕　张世妨
关键词导读：天然氧吧　负氧离子　沐川气候

大家好，远道而来，空着手不太好意思。我今天给大家带来一个特殊的礼物，大家猜猜这是什么？罐头？对，是罐头，里面是空的，它是一个空气罐头。但这瓶空气可不是普通的空气，它的来头可不小，它来自"中国天然氧吧"——乐山市沐川县。

是什么让沐川被冠以"中国天然氧吧"的称号？一个重要的指标就是：空气负氧离子浓度高！负氧离子不仅对人体健康非常有益，还可以除尘杀菌，净化空气，因此，它还有一个特别酷炫的名字："空气维生素"。

沐川森林众多，尤以竹海闻名，沐川竹海景区每立方厘米生产出负氧离子含量超过2230个；核心景点萧洞飞虹附近负氧离子浓度高达15500个/立方厘米。这些数据可能有点抽象，那这么说：世界卫生组织规定，清新空气的负氧离子浓度标准为每立方厘米空气中不低于1000个。这么一说是不是清晰了很多？那么，这个远高于世卫组织标准的负氧离子是个什么宝贝？

负氧离子的定义是"带负电荷的氧气离子"，它是由氧气离子和负电荷组成。我们知道，地球上的生命一刻都离不开空气，我们呼吸的空气，是由一个个不同的分子组成的，正常情况下，它们是不带电荷的。可是，在宇宙射线、紫外线、雷击闪电等作用下，空气分子会失去一部分围绕原

子核旋转的最外层电子，使空气发生电离。逃离原子核束缚的电子称为自由电子，它们是带负电荷的，当带负电荷的自由电子"傍"上其他中性气体分子后，就形成带负电荷的空气负离子。因为人类呼吸利用的主要是空气中的氧气，而氧气也容易吸附负电荷，所以空气负离子也被称为空气负氧离子。

负离子的产生方式除了上面几种，还有瀑布中由于水流的冲击，造成水分子裂解而产生负氧离子；森林中植物的叶枝尖端放电，以及绿色植物光合作用形成的光电效应，使空气电离而产生负氧离子。大家知道，我们现在所在的这个房间内，负氧离子为多少吗？每立方厘米不会超过 25 个，有时候甚至为 0。如果我们走到外面，每立方厘米也仅有 40～50 个。但如果在森林或瀑布旁，负氧离子浓度每立方厘米可达 1 万～5 万个。这就是为什么我们走进森林瀑布或是田野公园，会感到呼吸舒爽，心旷神怡，而长时间待在空调房里就会感到胸闷、恶心，这一切都是由负氧离子的浓度决定的。

沐川县年平均气温 17.3 ℃，年降水 1236 毫米，多雨潮湿的气候非常利于植物的生长，全县森林覆盖率 77.34%，造氧能手们能让空气电离产生出更多的负氧离子，造就这个让你醉氧的好地方！正值春光明媚，大家想不想马上来一场说走就走的"洗肺"之旅呢？

| 乐山国家基准气候站全景 | 张世妨　摄影 |

☀ 城市"新风系统"——通风廊道

四川省气候中心　徐沅鑫

关键词导读：通风廊道　城市发展

2017年，一条关于成都将规划城市通风廊道的新闻出现在网络上，引起了社会关注。这条新闻提到，成都市将在东北和西北处的城市主导风向上，打造6条500米宽的一级通风廊道及若干条二级通风廊道，打造成都头顶的"新风系统"。

"通风廊道"或许是个新名词，但城市建设适应气候的理念古已有之。"天人合一"就是这种思想的体现。在科学尚不发达的年代，古人将建筑物对局地小气候的利用总结为风水形法，体现了中国文人朴素的唯物观、

| 夹金山 | 高华康　摄影 |

自然观及独特的审美情趣。而现今城市发展受空间挤压，多呈无序、无形的发展趋势，城中心高层建筑密集，城市边缘呈放射状扩散，自然风无法进入，引发各种气候环境问题。这一系列的问题要求我们重拾气候适应性规划，在前人的基础上引进新的科学技术，而通风廊道的建设，就属于城市气候适应性规划的一部分。通风廊道构建初衷是希望在城市中留出通道，促进城市空气流动、内外交换，同时承载其他生态功能。

现代通风廊道的历史开始于 20 世纪 70 年代的德国斯图加特市。这个位于德国西南部的城市不仅是汽车品牌"奔驰"和"保时捷"的故乡，也是城市通风廊道规划理论的摇篮。1978 年开始，斯图加特市率先将气候与气象研究成果应用于当地城市发展中，绘制"城市环境气候图"，成为今天广泛采用的城市通风廊道设计的雏形。这项研究通过构建空气流动的"空中运河"，将城市周边温度较低的山坡地带的新鲜冷空气引入市中心，缓解热岛效应和空气污染。

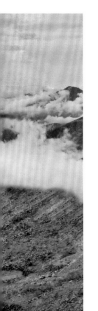

通风廊道的建设中，是否仅仅是"引风穿城"就足够了呢？设想一下，现今全球变暖，极端高温频发的气候背景下，无目的地增加通风仅仅会使高温下的城市由一个"烤箱"变成一个"热风循环烤箱"。通风廊道的构建需要综合考虑各种相关要素，结合详细的建设前后评估来完成。

成都平原地势平缓，常年风速较低，比较适合设置通风廊道。反例是重庆，高低起伏的丘陵地形如同一座座无法改建的高楼，自然风不能按照人为设置的路径流动，也就无法设置通风廊道。

如何评估通风廊道产生的效果？是否有可量化操作的指标？目前通风廊道的效果评估方案从气象角度出发，结合城市土地利用类型，采用通风潜力指数、热岛比例指数与生态冷源面积比结合的评价方法，兼顾了科学性与实际可操作性。

纵使享受着城市生活的便利，人们的心依旧向往着自然。希望成都市未来建设的通风廊道也能为久居都市的人们带来遥远的天空和土地的气息。

☀ 低空飞行与气象那些事儿

四川省低空空域协同运行中心　陈艺文

关键词导读：低空飞行　气象条件

　　说到低空飞行，大家脑子里肯定浮现出在蓝天白云间自由翱翔的画面，从空中俯瞰大地、领略大好河山也是很多人共同的梦想和愿望。

　　2018年，根据国家空管委的批复试点方案和四川省政府工作部署，成立了四川省低空空域协同运行中心。12月24日是一个特殊的日子，协同运行中心按照目视自主新规则，服务保障通用航空首飞成功。新的机制下，通航企业和飞行员根据中心提供的气象信息和飞行情报自主判断飞行条件，自主选择飞行时间、空域和航线，自主保持与地面障碍物和其他航空器的安全间隔；新的机制下，通航用户和飞行员只需在预计飞行时刻前1小时和15分钟向协同运行中心报备计划和提出申请，经确认后即可执行飞行任务；新的机制下，最大限度地简化了飞行流程，极大地增强了通航企业与飞行员的自主性，提高了通航飞行活动的时效性。

　　迄今为止，中心运行近3个月，通航飞行架次及时间比往年同期分别

增长了 33%、108%，改革的深入和通航蓬勃发展的态势，让我们有理由相信实现翱翔蓝天、鸟瞰壮丽河山的愿景触手可及。

然而，"理想很丰满，现实很骨感"。我们所畅想的遨游蓝天飞行，要受到各种天气现象和天气条件的制约，气象保障在低空飞行中扮演着极其重要的角色，发挥着不可或缺的作用。遗憾的是，现有的航空气象服务有限，大部分低空飞行区域都缺少针对性气象服务产品，因此，气象原因导致的通航飞行事故屡屡发生。

2018 年 6 月，某通航企业发生了一起严重飞行事故。事后调查表明，该次任务按照目视飞行规则飞行，在飞行过程中，受山区团雾影响能见度降低，机组无法掌握周围地形情况，无法保持正确航线和飞行姿态，撞上山崖，机毁人亡。2015 年 9 月，在广西柳州发生一起受到强对流天气影响、飞行员操纵困难、剐蹭高压线的坠机事件。据不完全统计，从 2015 年至 2018 年，全国通航飞行事故 37 起，其中与气象因素相关的 15 起，约占 41%。

可见，气象与低空飞行安全密不可分，气象保障犹如低空飞行的防护盾，让其躲避风雨雷电的侵袭。有效的气象保障可以让飞行员和航空器规避危险，气象保障不力同样会将飞行员和航空器置于危险的境地。在此呼吁，愿我们协力同心，共同拓展气象服务新领域，共同为低空飞行安全和通航产业发展保驾护航！

| 雾润茶山全景 | 徐世楠 摄影 |

☀ 高山上的疑云

攀枝花市气象局　廖伟

关键词导读：攀枝花　机场　地形　气候

拥有古裂谷风貌，同时又兼具亚热带风情，位于川西高原的攀枝花一直是个迷人的所在。由于交通不便，长期以来搭乘飞机是来攀枝花的首选。攀枝花机场素来以"奇""险"闻名，甚至被称为"中国民航第一难"。

它是四川省当年第二座建成投入使用的民用机场。位于海拔1976米的山顶上，是典型的高原、高温、山区机场。金沙江从东、西、北三面环绕机场。机场与江面海拔差高达1000米，拥有一条长2800米的跑道，位

| 牛背山云海 | 陈敏　摄影 |

于连绵相接的山顶上，这就意味着前一秒你还在离地 1000 米以上的空域，转眼间你已经在跑道上滑行了。

在攀枝花机场起降是很多朋友期待并且享受的一次飞行体验，从空中俯视群山环绕的城市，独特的地貌风光尽收眼底。机场建设用时长达 14 年，削平 65 座大山，挖方总量达 5800 余万立方米，如同建在山顶上的航空母舰，堪称中国民航建设史上的奇迹。

由于地形特殊，到攀枝花机场的飞机降落难度大。从气象方面来讲，主要由两个因素引起。

一是云雾影响。攀枝花干季、雨季分明。雨季的降雨量占全年雨量的 90% 以上，多夜雨。降雨过后的第二天上午，由于空气湿度大，云雾抬升，到了高海拔的机场上，造成能见度大大降低，给飞机起降带来困难。但是雨后云雾缭绕如仙境一般的景观是在很多地方都难以见到的。

二是风和风切变的影响。攀枝花机场常年不仅受西风带天气系统的影响，而且还要受热带、副热带天气系统的影响，属亚热带半干旱山地气候区。攀枝花风季规律明显，一般上午气流较稳定，14 时以后起风，气流较乱，风速大，风向不稳定，在 2—4 月的风季经常出现 5 米 / 秒以上的大风，特别在午后易形成乱流。所以，攀枝花航班的进出港时间常有季节性调整。

随着空中航线的不断开辟，客流量与日俱增。近年来，攀枝花市气象局与攀枝花机场重点围绕机场长期受低云和雾影响导致飞机起降困难等方面的气象服务需求，开展了多次深入合作探讨。用科技的力量，让进出港的航班更加顺畅。

其实，攀枝花机场返航率在全国机场范围来说并不高，根据本地机场近两年的数据统计，分别是 4.5% 和 3.9%，这其中还包括了起飞地的天气影响。来攀枝花，在雨季您只需关注一下出行前一天攀枝花是否有夜雨，在风季您最好避开午后的航班，其余时间基本您都能顺利到达。英雄攀枝花，阳光康养地。美丽热情的攀枝花已敞开怀抱，欢迎来自五湖四海的朋友！

☀ 天气、气候与人们的情绪

德阳市气象局　陈鑫洋　王雪韵　彭飞

关键词导读：天气　情绪

生活中，大家有没有这样的感觉：天气晴朗时，心情往往会充满阳光；阴雨连绵时，常会莫名的低落。其实这是有科学依据的！

作为人们对天气和人类情绪之间的联系所展开的有史以来规模最大的调查，加拿大温哥华经济学院的贝里斯博士和美国麻省理工学院的奥布拉多维奇博士把每天的天气实况与社交平台上 35 亿条的贴文进行对比分析，结果表明：人们的情绪会受天气的影响。过热或过冷等糟糕天气都容易使人们情绪低落。就令人抑郁的效果而言，0 ℃以下的气温更甚于"9·11"纪念日。对，您没有听错。这一研究强有力地证明了，多年来人们一直感知却没有明确的事实——高温、高湿、阴雨以及一些异常天气事件，都不利于人的心理健康。世界卫生组织的一份资料也表明，20 世纪的厄尔尼诺现象使全球大约有 10 万人患上了抑郁症，精神疾病的发病率上升了 8%，交通事故也至少增加了 5000 次以上。究其原因是气候异常和天气灾难超越了一部分人的心理承受能力，从而导致他们出现坐卧不安、反应迟钝等精神异常状态。一个人的情绪受到天气的影响，从心理学的角度来说这叫作气象情绪效应。

天气与情绪其实是极其合拍的一对，一不小心，情绪就会被天气影响了。那么，它们是如何"如影随形"的呢？

首先，温度对人们的情绪影响最大。使人心情舒畅、感觉舒适的温度一般是 20～22 ℃。当环境温度超过 34 ℃时，人们的心情会焦躁不安，而当温度降到 10 ℃以下时，人们会感到沉闷。低于 4 ℃时，人们的思维效率将受到严重影响。雨天、阴天人的心情会比较低沉，尤其是连续阴雨天，人们会觉得烦恼消沉；而在暴雨前人们会异常活跃和兴奋，因为雷电

| 洗象池星夜 | 张世坊 摄影 |

中的负离子使人欢快。晴天人的心情会比较愉悦，尤其是在春天或者初冬，相对温暖、温润的气候有利于人们精神放松。而夏季的暑热晴天，由于人体对环境的适应性较差，极易造成"情绪中暑"。风对人们的情绪影响也是明显的。干燥的热风使人反应迟钝，解决问题的能力和办事效率降低。气压对人的情绪也有影响。在气压突然降低的天气里，人的心情烦躁不安、冲动易怒。在低气压区域内温度突然升高会导致暴力活动增多。

　　气象条件是组成人类生活环境的重要因素。大量的数据和研究表明，我们的身体极其依赖情绪。但当您懂得了这些科学知识，我们可以根据天气、气候变化，扬长避短、趋利避害，及时做出正确的调整，为工作、生产和生活创造更为理想舒适的环境。何乐而不为呢？知识改变命运，科学创造生活，了解更多气象科普知识，我们的人生将与众不同。

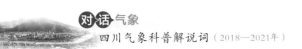
☀ 病毒的"冰与火之歌"

遂宁市气象局　杨雪
关键词导读：病毒与温度　湿度

古语云："人与天地相参也，与日月相应也。"天气与人体健康是一个古老的话题。《黄帝内经》中将自然界的气候变化概括为风、寒、暑、湿、燥、火六气，如果六气急剧变化，便成为侵犯人体导致发病的因素。那么气候变化真的是诱发疾病的元凶吗？

现代科学家们研究发现，在 4 ℃的低温下和 32 ℃的高温中，分别在志愿者身上接种了 15 型病毒以后，染上感冒的概率并不会发生变化。而现实中为什么天冷了流感横行呢？这是因为气温下降会导致空气中的湿度下降，在低湿的环境中，我们的眼睛会越来越干涩，鼻腔黏膜会变干燥，肺部水分减少，人体细胞的免疫应答能力降低了，这才使病毒更加容易复制。这种情况下你会说，打开加湿器是不是就会降低我们患病风险呢？不错，确实有研究证明，使用加湿器可以减少空气中的细菌，但是空气中湿度的增加，像霉菌这样的病原体便会"茁壮成长"。

空气湿度过大或过小，都有利于一些细菌、病菌的繁殖和传播。空气中相对湿度高于 65% 或低于 38% 时，病菌的繁殖滋生最快，尤其是在干燥的空气中。当我们在咳嗽和打喷嚏时从口腔和鼻腔中"喷出"的飞沫，会"分裂"成更小的颗粒，并且能够悬浮在空中长达数小时甚至数天，形成一块巨大的、充满病毒的"乌云"笼罩着我们。

气象因素的改变不会直接导致你患上疾病，病菌才是真正的凶手，但特定的气象因素会直接影响病毒的活性和传播。以 SARS 病毒为例，其滋生和传播适宜温度为 9～24 ℃。2003 年病毒区气温较常年明显偏高，降水显著偏少，进入春季，由于温度逐渐变暖，为 SARS 感染提供了适宜的温床。但大部分病毒都是"蛋白质壳＋核酸"的结构，蛋白质壳本身是不耐

高温的，一旦高温破坏了病毒的蛋白质壳，它就失去了传染能力，进入夏季，病毒的传染性就显著降低了。

　　人们生活在地球大气圈里，受着大气中气象要素的支配。气温作用于皮肤，引起血管扩张或者收缩以维持体温，温度与湿度则共同作用于呼吸系统以及病毒的繁殖，影响疾病的发生与传播。而风作用于皮肤，决定人体散热率。自此我们了解到，认识天气对人体健康的影响，掌握规律顺应自然，这也是气象人在新时代的一片新领域。

|峨眉山宝光|张世坊　摄影|

☀ 高血压与气象的关系

广元市气象局　魏颖

关键词导读：高血压　气象因素

　　在生活中，经常遇到患高血压的人有这样的疑惑："为什么我冬天的血压比夏天高？而且相差了好几十！是血压计不准吗？"这些人可能忽略了气象因素会影响人体血压的变化。今天，我们就来聊聊高血压与气象的关系。

| 峨眉山雾凇 |

高血压一般是指人体的收缩压≥140毫米汞柱和（或）舒张压≥90毫米汞柱。论"出身"它曾是"贵族"的象征，但到了现代社会却成了发病率高、致残率高、死亡率高的一种常见慢性病，背上了伤心、伤脑、伤肾、伤血管的"罪名"。

大家都知道，高血压与高盐、肥胖、遗传、烟酒、不爱运动、情绪等因素有关。但你可能不知道，高血压和气象因素如气压、气温、湿度、风力等也有着密切的关系。

其中，最主要的气象因素就是气温。

很多人发现，平时自己的血压比较"安分"，但一到了冬季，尤其是气温骤降的时候，血压就像看到了"心上人"一样，也会大幅上升。原因就是血管也会"热胀冷缩"。春夏季气温升高时，血管扩张，也变得更加软化，血压有所下降；秋冬季，随着冷空气活动频繁，气压上升，气温下降，人体会释放更多的肾上腺素和去甲肾上腺素，同时也会使心脏收缩能力增强，周围血管收缩，外周阻力增大，血压升高。据统计，平均冬季血压比夏季血压高6～12毫米汞柱，气温每下降1 ℃，收缩压上升1.3毫米汞柱，舒张压上升0.6毫米汞柱，这也是秋冬季高血压疾病高发的原因，北方地区这种现象更为明显。

高血压与湿度也有扯不断的"爱恨情仇"。秋冬季湿度小、空气干燥，体内水分减少，如果不注意补充水分，血液就会浓缩、黏稠，影响血液循环，导致血压升高。

高血压还和风力有关。大风不仅会让你的头发凌乱，还会带走人体更多的热量和水分，使人感到更寒冷，诱导内分泌发生变化，进而使血压上升。"古道西风瘦马"的场景，也更会使人紧张、焦虑，诱发高血压。

知道了高血压与气象条件的关系，那么，高血压人群要关注天气变化。室内提供适宜的温度（18～22 ℃最佳）、湿度（50%～60%最佳），养成监测血压的好习惯，注意冬季防寒保暖。

现在有了精准的天气预报，冷暖相知，关爱常在，高血压人群的健康问题就更有保障了。

☀ "空气的维生素"

巴中市气象局　魏东　冯禹文　陈春
关键词导读：负氧离子　功效　来源　巴中康养

当您长期处在密闭房间之中，经常会感到头昏脑涨，而漫步在海边、瀑布和森林时，会感到呼吸舒畅、心旷神怡，您知道这是怎么回事吗？其中最重要的原因就是空气中负氧离子的浓度。那么负氧离子是什么呢？

简单来说，负氧离子是指一个或多个电子带负电荷的氧气离子。我们都知道，空气的主要成分是氮、氧、二氧化碳和水蒸气，氮气对电子没有"感情"，只有氧气和二氧化碳对电子"芳心暗许"，但是氧气"人多势众"，是二氧化碳的500多倍，它们成群结队地与电子"成功牵手"，形成了大量让人类快乐的CP（CP：coupling，配对）——空气负氧离子。

为什么负氧离子会给人以心旷神怡的感觉呢？总体来说，因为负氧离子能够净化空气，从而改善生态环境。对我们人体而言，它能改善我们的呼吸功能和心脏功能，利于镇静、催眠、调节血脂和血压、提高基础代谢率、促进蛋白质代谢、刺激造血功能、增强机体免疫、杀灭肿瘤细胞、抑菌杀菌等，还能治疗哮喘、慢性支气管炎、萎缩性鼻炎、神经性皮炎、溃疡等疾病，所以它也被称为"空气的维生素"。一般情况下，空气中负氧离子的浓度，晴天比阴天多，夏季比冬季多，中午比早晚多。

大自然中的负氧离子主要来自于以下几种方式：一是大气受紫外线、宇宙射线、放射物质、雷雨、风暴等因素的影响，发生电离而产生负氧离子；二是瀑布冲击等自然过程中，水在重力作用下高速流动，水分子裂解而产生负氧离子；三是森林的树木、叶枝尖端放电及绿色植物的光合作用也会产生大量的负氧离子，森林和湿地是产生空气负氧离子的重要场所；此外，在部分地壳岩石中也会产生负氧离子。

2020年，巴中市荣获"中国气候养生之都"这一殊荣，其中，空气负

氧离子浓度也是最重要的指标之一。巴中气候康养资源优势明显，自然条件优越，生物资源丰富，全市森林覆盖率达到 62.1%，负氧离子浓度日平均在 1800 个 / 厘米^3 以上，高值超过了 4500 个 / 厘米^3，达到了治疗和康复的等级。

吸入千树氧，涤荡一身尘。巴中气候宜人、生态优美，是康养福地、文旅圣地，欢迎大家常到巴中来补充"空气维生素"。

| 古蔺黄荆老林 | 刘伟　摄影 |

气象景观与物候

☀ 峨眉宝光

四川省气象服务中心　郭洁

关键词导读：宝光　大气光学现象

　　朋友们，你去过峨眉山吗？当你正在金顶游玩时，突然在你前方的云雾上出现一个彩色光环，你向它挥手，光环里好像也有人在和你打招呼，真是太神奇了，这就是我们今天要讲解的主角——峨眉宝光。

　　峨眉宝光最早有文字记载是在东汉，距今已有1000多年的历史。在19世纪初，被科学界正式命名。峨眉宝光是一种特殊的大气光学现象，它的本质是太阳从观赏者的身后，将人影投射到观赏者面前的云雾之上，云雾中细小冰晶与水滴在衍射和反射作用下形成独特的圆形彩色光环，人影正好在其中。

　　阳光和云雾的配合极其关键。只有当太阳、人体与云雾处在一条倾斜的直线上时，我们才能看见宝光。更为神奇的是，即使成千上万人同时观看，我们也仅仅只能看到自己的宝光环，而看不见旁人。当我们把镜头拉近，看起来像一个彩虹。其实，形成宝光的水滴要比彩虹的小百倍甚至千倍。因此，宝光的直径一般在2米左右，是一个"迷你彩虹"；宝光离观看者很近，往往只有几十米甚至几米，当我们俯下身去，仿佛就能摸到它，而彩虹离我们则要远得多。

　　听到这儿，许多人会问："这么神奇的宝光，我也能看见吗？""当然！若要欣赏宝光，天时、地利、人和三者缺一不可！"峨眉山坐西向

东，山峰平均海拔 3000 米左右，年平均云雾日数达 300 余天，位居全国之冠。金顶舍身岩、睹光台及万佛顶沿线一带地势突出，东侧是深达数百米的陡峭悬崖，这里便是观赏宝光的绝佳胜地。当你站在这里，上有晴朗天空，下有茫茫云海，当云海高度接近金顶时，是观赏宝光的最好时机。这样的好天气在夏天和初冬出现的次数最多，一天中最佳的观赏时间一般是 14-17 时。

据气象记载，峨眉山金顶宝光每月均会出现，最多时全年可出现 100 次左右，出现概率并没有想象的那么低，可是很多人却与它擦肩而过。因为观赏宝光，您还需要一双智慧的眼睛。细心地关注云雾的千变万化，对未来的天气状况了然于胸，耐心守候，也许，下一秒艳丽的宝光就会呈现。

"不陟高寒处，安知天地宽。"祝奋力攀登金顶的朋友们都能如愿以偿，得到大自然美的享受。

| 峨眉宝光 | 金辉　摄影 |

| 成都市大邑县西岭雪山阴阳界 |

☀ 秘境寻踪——奇幻的西岭山脊

中国气象局成都高原气象研究所　李笛　李跃清　李萍
关键词导读：西岭雪山　阴阳界

"西岭山歌唱西岭，西岭谜团数不清，日月坪邀明月，阴阳界是驾雾又腾云，东边晴西边雨，就是张天师他也讲不清。"这首山歌讲述了西岭雪山的一种奇特景观，在一条山脊的两侧，南边晴朗明亮，北侧云雾弥

漫，且云雾爬升到山脊后，并没有借助风势向南侧蔓延，狭窄的山脊，仿佛是一堵无形的墙，直通苍穹，隔离出两个完全不同的世界。这道山脊被当地人称作阴阳界。

人们敬畏阴阳界，不仅在于气流的神秘莫测，更在于景观的奇幻诡异，当云雾出现时，S形的山岗竟酷似中国道教的阴阳八卦图。当地还曾发生过人员失踪和飞机失事，仿佛这道山脊真是阴阳两重天的一条分界线，吸引着探险者的目光，去揭开那尘封已久的秘密。

为了探寻科学真相，成都高原气象研究所成立了专项调研团队，并协同《地理·中国》摄制组前往西岭雪山阴阳界展开了全面细致的实地调研。

西岭雪山地处青藏高原的东南侧，阴阳界所在的白沙岗又位于西岭雪山的南坡，是高原与盆地临界的最前沿，在大中小复合地形的作用下，阴阳界所在的地区往往易于形成复杂强烈的气流。从科学的角度来说，要形成这种气势磅礴的云雾，一个重要的前提条件是大气中有丰沛的水汽。

从大尺度上来看，青藏高原的隆起造就了我国西南水汽大通道，低纬度大量的暖湿气流向北输送至四川盆地和周边山地，从而为阴阳界景观的形成提供了重要的基础条件。

在中尺度上，山脊两侧的水汽来源基本相同。北侧沟谷宽敞，地势平坦，与盆地连通顺畅，水汽耗损少。南侧沟谷曲折蜿蜒，走向多变，与盆地间又有重重山脊隔断，因而水汽不易进入，相对干燥，无法形成云雾。

从小尺度来说，当大量水汽进入北侧沟谷时，地形开始快速抬升，水汽冷却而不断地形成云雾，这样就造成了阴阳界北侧风起云涌的壮观景象。

"高原盆地相交峙，南来气流多暖湿，蜿蜒山谷生冷热，成云为雾会有时。"正是这些综合因素的共同作用，最终造就了阴阳界"百米不同天"的气象奇观。我们生活的地球丰富多彩，物象万千，你我身边的每一滴雨，每一阵风，每一片云，又怎不是这浩瀚宇宙的精妙杰作呢？

☀ 来丁真的世界看"海"

甘孜藏族自治州气象局　刘肖雪

关键词导读：云海　气候条件

看到这个标题，您或许会疑惑——丁真不是在内陆高原吗？他的世界怎么会有海呢？今天，我要告诉您，他的世界不仅有"海"，还有"海上仙山"。

那座山是"蜀山之王"——贡嘎山，而包围住它的"海"，便是今天的主角——高原云海。

云海是在一定的条件下形成的云层，云顶高度低于山顶高度，主要由低云和地面雾形成。当人们在高山之巅俯瞰云层时，看到的是漫无边际的云，如临于大海之滨，故称为云海。云以山为体，山以云为衣。云海时如蛟龙翻滚，时如烈马狂奔，又会娴静如美人粉脂。一轮红日初升，像一团火球，与云海辉映交融，人们禁不住为大自然的神奇造化而倾倒。

那么贡嘎山风景区的高原云海是怎样形成的呢？

贡嘎山风景区坐落于青藏高原东部边缘，在横断山系的大雪山中段，位于大渡河与雅砻江之间，山地气候的垂直地带性特征明显。

成云致雨，首先要有充足的水汽。每年，季风会从海洋带来丰沛的水汽。湿润空气沿着迎风坡上升的时候，会在山下或山腰，因为绝热膨胀冷却而形成对流性稳定层结的上坡雾。当上坡雾滞留在山谷间的时候，就会形成云海。

除了降水，贡嘎山风景区内冰川、湖泊星罗棋布，并且有着立体的自然带，植被茂密。这些不仅对降水有巨大的含蓄能力，同时，水面的蒸发、植被的蒸腾是当地大气中水汽补给的又一个重要来源。

要形成壮观的云海，除了水汽，还需要有条件构成稳定的大气结构。山上山下的气温温差变化、气流、风速以及山势环境等多种因素都会对云

海的形成产生影响。这使得贡嘎山风景区云海表现出了明显的季节性。

在冬、春季节，大气层较稳定，逆温层下部易形成层积云；大气中低层的气温低，层积云的凝结高度低。而入夏后进入雨季，随着气温升高，云的凝结高度上升，云层高度超过或接近大部分峰顶，这时候云雾笼罩，就不易看到云海。此外雨天过后以及雪过天晴时，也是云海出现的高峰期。

所以，想要看到以贡嘎山为背景的高原云海，就要挑对季节和时间，在日出和日落的时候还会有彩色的云海。

茫茫云海，蔚为壮观，人在云上走，形似神仙游。当然，丁真世界的云不只可以变化为"海"，它千变万化，别具一格。丁真的世界，我们的世界，一切，都等着您前来探索。

☀ 云中"意中人"——七彩祥云

凉山州气象局　朱兴宪

关键词导读：七彩祥云　大气光学

　　"我的意中人是个盖世英雄，我相信总有一天，他会踩着七彩祥云来接我。"这是电影《大话西游》中紫霞对至尊宝所说的一句话，非常经典，而七彩祥云在影片中也被赋予了一种象征爱情的浪漫色彩。

　　当然今天想和大家分享的不是影视作品，而是同样吸人眼球的七彩祥

| 梦境　红原大草原 | 汤志明　摄影 |

云。2021 年 1 月西昌市连续 3 天都出现了七彩祥云：抬头望向天空，明净的蓝天中，白云成了配角，七彩祥云当之无愧地"C 位"出道，五彩斑斓、绚烂多姿，看了让人直呼"生活变得更美好了"。除此之外，朋友圈自然也被刷屏，一时间好像整个朋友圈都找到了自己的"意中人"。如此看来，当我们看到罕见的七彩祥云时，更多的是表达了一种对美好事物的向往。

在古代阴阳学家占候术语中，彩云又被喻为王气、天子气、旺气或庆云、景云、五彩祥云。但在民间又有不一样的说法：他们认为七彩祥云是一种自然界的预告，与地震有密切的关联，但真相真是这样吗？

其实七彩祥云用气象术语表示是指太阳光线与云中的冰晶结构产生的自然现象，是典型的"日华"现象。太阳周围的华叫日华，华的颜色是外红内蓝，多数是高积云的产物，是指太阳光线通过云层中的冰晶和小水滴产生衍射而形成的。衍射又被称为绕射，一般来说，光是依直线前进的，但由于光具有波动性，在遇到极微小的障碍物时，会偏离原来的前进方向而绕到障碍物的后面，偏离的程度因不同颜色的光而不同。其实我们日常生活中也可以看到衍射现象：将羽毛放在眼睛和灯光之间，通过羽毛的缝隙去看灯光，就会看到灯光的周围有彩色的光环。

而七彩祥云只是日华的一种表现，它的形成条件主要有 3 个：

第一个条件就是需要一个天气晴朗的白天。

第二个条件就相对比较苛刻了：需要太阳光正好和云构成一个合适的角度，方位在太阳 10°～40° 的云，所以七彩祥云大都出现在日出、日落前后。

第三个条件就是云。这儿所说的云为带有均匀冰晶或小水滴的薄云，如高积云、卷积云，尤其是荚状高积云会形成非常明亮的彩云。日光通过这些带有微小冰晶或水滴微粒的薄云时，冰晶或水滴使得通过的太阳光产生不同方向的衍射，衍射的太阳光彼此干涉，光波相结合处会看到明亮的光，相抵消处的光线较暗。不同色光的衍射角度不同，一种色光的明亮区在另一种色光的阴暗区显现出来，渐次形成色彩次序。由于云朵为不规则片状分布，因此，产生不规则片状的艳丽彩云，从而散射出七色光芒。

☀ "霞" 想

四川省气象服务中心　陈静怡
关键词导读：晚霞　大气散射

　　说到晚霞，大家会想起什么呢？是古人吟诵的"落霞与孤鹜齐飞，秋水共长天一色"或是"大漠孤烟直，长河落日圆"？ 2020 年 8 月 19 日，成都就出现了非常绚烂的晚霞，相信在场的各位都被这晚霞、彩虹共舞的景色震撼。我们今天就来看看霞光是如何形成的吧。

　　简单来说，霞光的形成都是由于空气对光线的散射作用。当太阳光射入大气层后，遇到大气分子和悬浮在大气中的微粒，除了这些之外，还有尘埃、雨滴、冰粒以及雪花等微粒。这些大气分子和微粒本身是不会发光的，但由于它们散射了太阳光，使每一个大气分子都形成了一个散射光源。根据瑞利散射定律，太阳光谱中波长较短的紫、蓝、青等冷色调的光最容易散射出来，在传播过程中，就被散射得所剩无几，而波长较长的暖色调的光透射能力很强。因此，我们看到晴朗的天空总是呈蔚蓝色，而地平线上空的光线只剩波长较长的红橙黄光了。这些光线经过空气分子和水汽等杂质的散射后，可以穿过大气，抵达云层，那里的天空就带上了暖色调的色彩。

由于霞是大气中水汽的产物，尘埃水汽越少，霞越近青色白色，所以还有"青霞白霞，无水烧茶"的谚语。当大气中水汽等微粒的含量越高，霞光的色彩就越显著、越浓郁。俗话说"朝霞不出门，晚霞行千里"，如果今天的晚霞非常绚丽，表示在我们西边的上游地区天气已经转晴或者云层已经裂开，阳光才能透过来形成晚霞。8月19日，成都晚霞和彩虹出现的第二天，成都确实是一个大晴天。相反，假如朝霞显著说明大气中的水汽已经很多，而且云层已经开始逐渐覆盖本地区上空，也预示着天气将要转雨。

绚丽晚霞的出现就季节而言，夏天的空气流动速度相对缓慢，并且温度又高，此时产生烟雾和雾/霾的光化学反应速度很快，所以在夏天想要看到难忘的落日比较困难；相反，在晚秋或者冬季，风速较大，温度低，看到晚霞的机会就更多。

不管怎样，能够遇见静谧的朝霞或是绚丽的晚霞，都令人感觉到久违的温馨和美好。暴雨过后成都雪山的天空出现的玫瑰色晚霞，从北向南绵延的雪山群几乎全部亮相，非常震撼。除此之外，还有霞光中的电视塔、霞光中的环球中心以及霞光中的天府广场等。霞光与这座城市交相辉映，构成一道道绝美的风景线，照亮了四川人民的生活，温暖了我们的回家路。

☀ 大气散射定格美好瞬间

中国气象局气象干部培训学院四川分院　王腾蛟

关键词导读：大气散射　光影效果

"一道残阳铺水中，半江瑟瑟半江红""落霞与孤鹜齐飞，秋水共长天一色"，当大家欣赏这些美景时，可曾想过是谁赋予了它们绚烂的颜色？是光线！是变化的太阳光线为景物加上了不同的"滤镜"，变幻出不同的摄影效果。今天，我将利用大气散射作用的知识，为大家揭秘一天中不同时段的光线特质以及与之适用的摄影题材。

当太阳光遇到大气层中的气体分子和其他粒子时，光线会向四周辐射，这就是大气散射现象。在大气辐射学中，散射分为三类：瑞利散射、米散射和几何光学散射，其中，与光线变化密切相关的是瑞利散射。什么是瑞利散射呢？简单来说，就是气体分子对可见光的散射是有选择性的，波长越短，散射能力越强。我们知道，太阳光由"红橙黄绿青蓝紫"7种颜色组成，每种颜色的光具有不同的波长。其中，蓝、紫光的波长较短，它的散射能力就强；红光波长最长，它的散射能力就比较弱，而穿透能力就强。

清晨和傍晚，太阳光的倾斜角度大，光线穿过的大气层很厚，波长较短的蓝、紫光经过大气层的重重散射，能够到达我们眼中的已所剩无几了，大家能看到的多是波长较长、穿透能力较强的红橙光。柔和的橙红色光线不仅将天边染成暖色，还为地面的景物增添了温馨而浪漫的色调。"日出江花红胜火，春来江水绿如蓝。"摄影人常称此时段为风光摄影的黄金时间，许多人起早摸黑就是为了获得这一美好的瞬间。

上午和下午时段，太阳光经过的大气层厚度变薄，大气散射对各种光的衰减作用减小，除了红光外，其他颜色的光多多少少也能穿过大气层，它们合在一起成为白光洒向大地。因此，在这个时段，光线没有了红橙效

果，与日出日落时分变幻莫测的光影效果相比则变得平淡一些，然而白色的光线能够真实地还原景物的色彩以及人物的细节。所以，人像拍摄多选择在这个时段。

正午时分，太阳光接近直射地面，经过的大气层的厚度最薄，散射粒子对太阳光的衰减作用也达到最低，穿透大气层的光线变得强烈，使拍摄画面生硬而缺乏层次感，此时一般不推荐拍摄风景或者人物，但是强烈的光影效果却适合拍摄一些风格独特的纪实题材的作品。

|沱江红霞 | 尹忠　摄影 |

☀ 从彩虹到"千里眼"，大气中的光波魔术师

中国人民解放军某部队　马申佳

关键词导读：彩虹的形成　大气光学探测

"雨霁彩虹卧，半夜水明楼。香炉初上日，瀑水喷成虹。"这惟妙惟肖的诗句描绘了一种美丽的自然现象——彩虹。今天我们就走进光学世界，一探究竟。

首先来看"现代科学之父"牛顿的一个简单实验——光的色散。用手电筒照射三棱镜，在屏幕上大家能够看到七色光，这是因为不同颜色光的折射率不同而导致的。

下面我们把目光聚焦到一个小水滴，进入水滴的光线发生折射、反射、再折射成为七色光。而物理学家和数学家笛卡尔利用推导出的折射定律，发现了入射光和出射光夹角存在极大值，红光42°，紫光40°，这意味着经过折射后，红光集中在42°，紫光集中在40°附近。因此，我们看到的彩虹由上到下，由红至紫。

接下来需要大家有一点空间感：太阳光照射到雨后天空的大量小水滴，将会折射出一个圆锥面，映入眼帘的便是一个圆环。大家或许有个疑问，看到的彩虹不都是半圆形的拱桥吗？其实，真正的彩虹就是圆环，而下半部分常常被地面挡住了，因此，通常看到半圆形彩虹。如果没有地面遮挡或观察者视角很高，便有机会看到完整的圆形彩虹。

然而大气中的温压湿（温度、压强、湿度）就像魔术师一样，当大气层某层出现逆温或水汽急剧减少，导致空气密度和折射率垂直变化很大时，便会出现超折射，使得电磁波在该层大气上下来回反射向前远距离传播，就像在波导管内传播一样，称为大气波导现象。

大气波导主要分为三类：①蒸发波导，即海水蒸发使近海面湿度随高度锐减形成；②表面波导，即晴好天气低层大气存在稳定逆温形成；③抬

| 献给蓉城的彩虹 | 四川省气象局　供图 |

升波导，即下边界悬空存在一个逆温层形成。

　　大气波导常发生于海上，传播距离远，被称为海上"千里眼"，因此，被广泛应用于海上反舰导弹识别和超视距攻防等军事领域。同时还利用数值模式分析海上波导环境，为军事应用提供更加精准的服务。

　　从彩虹的正常折射到大气波导的超折射，从自然界的光学现象到光波魔术师背后的奥秘探索，我国学者经过不懈努力，在大气光学探测领域取得了举世瞩目的成绩，尤其是风云四号 A 星的干涉式大气垂直探测仪，更是填补了该领域的空白，实现国际领跑，为科技强国、科技强军做出了应有的贡献。

　　最后，在这里送大家一个超大的彩虹，祝大家的生活和我们的祖国，都像彩虹一样多姿多彩。

☀ 雾的"自白"

四川省气象服务中心　周雯

关键词导读：雾的成因　不利影响

让我们先来猜个谜语："像云不是云，像烟不是烟，风吹轻轻飘，日出慢慢散。"猜一自然现象。你猜出来了吗？答案就是我这个又淘气、又顽皮的"小雾珠"。

| 晨雾 | 陈敏　摄影 |

　　我喜欢穿白色的衣服。当光线照向我的时候，我会把各种颜色的光都反射掉，所以，我就变成白茫茫的了。但有些时候人们看到我是灰色的或者黄色的，那是因为我的衣服里掺杂了灰尘和扬沙。

　　如果你想找到我，那你得知道我藏在什么地方。我不喜欢高温，也不喜欢干燥，只有在水汽充足、微风及大气稳定的情况下，我才有可能出现。例如，当海上暖湿气流流到干冷的大陆时，或晴天的夜晚地面向外传送热量而迅速降温时形成的雾，人们就分别把这两种情况下出现的我称作平流雾和辐射雾。而当风增大、气温升高的时候，我就慢慢消失了。

　　小雾珠的生命很短暂，在沙漠戈壁地区，生命在 1 小时以内；在沼泽湖泊地区，可持续 6 小时左右。但我被文人墨客写进诗文，被摄影家收藏进照片，被导演拍成电影，被小说家写进科幻故事，被你铭记，我一样很开心。

　　那么，我的到来仅仅只有诗和远方吗？我就没有缺点了吗？当然不是了。

　　我不得不告诉大家，当我来临的时候，空气质量通常并不是很好。这是因为，我需要空气中有一些凝结核才能生存，而这些凝结核通常由空气中的一些污染物来充当。所以，当在清晨时见到我，请您尽可能躲避我。

　　有时，我还会摇身一变成为"马路杀手"，特别是我家族中的团雾是最凶悍的"杀手"。当你在高速路上被我们包围的时候，你可能什么也看不见了，但你千万要保持冷静，正确使用车灯，并间歇鸣笛向其他车辆示警，就近缓慢驶出高速公路或进入服务区暂避。

　　当然，当我出现在海上的时候也会引起骚乱。2018 年春节期间，我飞往海南，把琼州海峡"藏"了起来，造成上万车辆与数万游客滞留。当你在海上遇到我，要特别注意海上航行和作业安全。

　　随着气象科学技术的发展，在不久的将来，气象工作者们一定能摸清我的脾气，人工影响我的出没，做好科学有效的防御，让大家爱我不怕我。

四川省气象灾害预警信号——大雾预警信号

大雾预警信号分3级，分别以黄色、橙色、红色表示。

（一）大雾黄色预警信号

图标：

标准：12小时内可能出现能见度小于500米的雾或者已经出现能见度小于500米、大于等于200米的雾并将持续。

防御指南：

1. 有关部门和单位按照职责做好防雾的准备工作；

2. 机场、高速公路、轮渡码头等单位加强交通管理，保障安全；

3. 驾驶人员注意雾的变化，小心驾驶；

4. 户外活动注意安全，老弱病幼人群尽量减少户外活动。

（二）大雾橙色预警信号

图标：

标准：6小时内可能出现能见度小于200米的雾或者已经出现能见度小于200米、大于等于50米的雾并将持续。

防御指南：

1. 有关部门和单位做好防雾工作；

2. 机场、高速公路、轮渡码头等单位采取切实措施，加强交通管理和调度指挥，确保安全；

3. 驾驶人员控制车船的行进速度；

4. 减少户外活动，出行准备口罩。

（三）大雾红色预警信号

图标：

标准：2小时内可能出现能见度小于50米的雾或者已经出现能见度小于50米的雾并将持续。

防御指南：

1. 有关部门和单位做好防雾应急工作；

2. 有关单位按照行业规定采取交通安全管制措施，机场暂停飞机起降，高速公路暂时封闭，轮渡暂时停航等；

3. 驾驶人员根据雾天行驶规定采取预防措施，根据环境条件采取合理行驶方式，并尽快寻找安全停放区域停靠；

4. 不要在户外活动，出行戴口罩。

|黑竹沟冬雪|王永春 摄影|

| 宝光初照 | 四川省气象局　供图 |

☀ 彩虹是怎么形成的？

四川省气象台　代昕鹭

关键词导读：彩虹　物理原因　分类

"赤橙黄绿青蓝紫，谁持彩练当空舞"？大自然中的瑰丽奇观——彩虹，其实就是我们气象中的一种光学现象。今天，我便和大家一起分享彩

虹形成的物理原因。

光在不同介质中传播时会发生折射现象，三棱镜与球形镜都会使光线向一边偏折；水滴因重力呈椭球形，光线入射时，会发生折射与反射。我们知道：白光包含 7 种颜色，水对七色光的偏折程度各不相同，红光最小，紫光最大，所以白光入水后就被分解开来。

阳光在大气中遇见无数的细小水滴，大部分光线将被折射并进入水滴内，不同颜色的光线经多次折射后分得更开，便会形成看到的彩虹。所有同时进入眼中成固定夹角的光线是一个圆锥，因此，我们看到的彩虹呈上拱的圆弧形。由于红光弧度角最大，约 42°，紫光最小，约 40°，在观察者视线方向上，接收到来自不同液滴的折射光，就呈外红内紫。

有时我们仔细观察，常能看到双彩虹，下方较鲜艳的一道为主要彩虹，另一道在上方，较黯淡，是副虹，又称霓。

分析霓在液滴里的光路可知其与虹之间的差异。阳光从小水滴的低处射入时，会在其中经过两次折射和两次反射而形成霓，它常出现在虹的外侧。因霓的光线在水滴里比虹多经过了一次反射，所以它的色彩排列正好与虹相反，呈外紫内红；同时能量也多消耗了一次，所以色彩比虹要淡。

其实，不光有拱桥一样的彩虹，还有水平甚至倒悬的彩虹，但这二者与前面所提到的彩虹和霓有完全不同的发生机制，它们均由太阳光照射高层大气中的六角冰晶折射后产生。

水平的彩虹真名叫环地平弧，本身是一个巨大的环绕地平线的环，因观测角度原因，只能看到其中一小段，故看上去像是一段直线。其入射光从冰晶的侧立面进入，折射一次后从下方水平面射出。

倒悬的彩虹真名为环天顶弧，实为一个环绕天顶的环，也由于角度原因，只能看见一小段，又因曲率较大呈倒悬状。它的入射光从冰晶向上的水平面射入，折射一次后从侧立面射出，所以我们观察到它的颜色顺序与环地平弧恰好相反。

环地平弧要求太阳的高度角较高，但这也意味着温度较高，不利于高层的冰晶形成，因此，水平的彩虹最为罕见。

☀ 红叶与气候的小秘密

巴中市气象局　杨雪
关键词导读：红叶景观　巴中气候

"停车坐爱枫林晚，霜叶红于二月花。"这首脍炙人口的古诗，诉说了从古至今人们对于红叶美景的欣赏与喜爱。中国红叶第一山——光雾山，不在别处，就在巴中。每年的秋季，光雾山都要迎来盛大的红叶节，成群结队的游客慕名而来，只为一睹巴中红叶的盛景。

巴中光雾山景区红叶的占地面积就有 580 平方千米，到了秋季，层林尽染，此起彼伏，宛如天然的红地毯。大面积的红叶在其他地区很难形成，但在巴中却轻而易举。这得益于巴中得天独厚的地理位置与独具一格的气候条件。

首先，红叶的形成与巴中的地形有着密不可分的关系。巴中地处四川盆地东北部，属于典型的盆周山区，地势从北至南，依次降低。这样的地形结构让北部而来的西伯利亚干冷空气被挡在门外，而来自南边的孟加拉湾与南海的湿润空气则为巴中带来温暖丰沛的雨水。巴中全年降水量能达1143 毫米，河网密布，森林覆盖率更高达 62%，形成了广阔的森林景观。受地形地貌和当地气候、阳光照射等不同影响，叶子变红的地区和时间都有所不同。

其次，巴中独特的气候特点是形成红叶美景的重要因素。受海陆性质差异及青藏高原的影响，巴中兼具北亚热带与中亚热带季风性两种气候，主要气候特征表现为降水充沛，气温季节变化显著，季节分配均匀，无明显干季。巴中常年的温度在 17 ℃左右，冬季最冷不低于 3.9 ℃，夏季最高不超过 32.9 ℃，真正是冬暖夏凉。

巴中优越的地理位置，造就了四季宜人的气候，也为红叶的形成提供了最适宜的气候条件。有科学报告指出，随着气温降低，光照减少，叶子

| 巴中市南江县光雾山红叶 |

中的叶绿素变少，而花青素变得更多，此时枫叶类树种的叶子就会变成红色。但并不是温度越低、光照越少就越红。根据气象部门的监测数据和研究人员的分析得出，温度要适宜，红叶才能维持较长时间，过低温度则会导致落叶现象。此外，昼夜温差大也是重要的原因。白天温度高，叶子的光合作用增强，从而生成的糖变多，花青素随之增多。而夜晚温度较低，则会让叶绿素快速消失，从而叶子的颜色由绿转变成红。

巴中红叶所在的光雾山 10—11 月的温度适宜，山上昼夜温差极大，在秋季能达 10 ℃以上，红叶渐渐形成，自然绚丽多彩。巴中全景红叶的观赏周期可达两个多月，因此，游客能欣赏五彩斑斓、层林尽染的红叶，与巴中独特的气候有着千丝万缕的联系。

巴中红叶的美，独有一份"天然去雕饰"的诗意，这离不开大自然的有利条件。红叶与气候的小秘密，想来谜底已然揭晓！

☀ 阳光西昌约会蓝花楹

凉山州气象局　余磊

关键词导读：西昌蓝花楹　西昌气候

　　如果你爱浏览新闻资讯，你一定看过央视、人民网等多家媒体报道蓝花楹的文章；如果你爱刷短视频，你一定看过孟非力赞蓝花楹的视频。没错，那梦幻般的花海就在西昌。若是你来，定不能辜负这番半城花开的盛景。

　　就在刚刚过去的"五一"小长假，西昌的大街小巷被深深浅浅的紫色所笼罩：树上挂满了紫色的花朵，街道上洒满了紫色的花瓣，连湖面也点缀上了紫色的倒影，游人仿佛置身于一个神秘绮丽的童话梦境。微风吹过，空气中弥漫着温馨浪漫的气息，沁人心脾……可谓是"满树繁花春不尽，紫色摇曳铺长街"。

　　蓝花楹是一种蓝紫色的花，它不是纯粹的蓝色，也不是单纯的紫色，而是蓝和紫最完美的结合，生出这种独具韵味的颜色。由于西昌日照充足，西昌的蓝花楹浸染了阳光的温暖，偏于暖色调，更多呈现紫色。

　　27 年前被引种的蓝花楹，如今在西昌的大街小巷一共有两万多株，经公众投票当选为西昌的市树，成为西昌的一张个性名片，花开时节吸引了无数游客前来观赏。

　　蓝花楹原产于南美洲巴西，喜欢温暖湿润、阳光充足的环境，花期 5～6 个月。蓝花楹适宜生长温度为 22～30 ℃，若气温低于 3～5 ℃，且持续超过 5 天，就会发生冻害，高于 32 ℃，它的生长将会受到抑制。这不，西昌的气候几乎就是为蓝花楹量身打造的。日平均气温高于 32 ℃？放心，西昌没有！西昌每年平均仅有 1.6 天的日平均气温低于 3 ℃，因此，蓝花楹就不会发生冻害。

　　11 月到次年 2 月，9～13 ℃的气温，让蓝花楹有了高质量的冬季睡眠，为树端分生发芽积累了大量营养；初春三四月温暖的气候让花苞旺盛生长，充足的阳光更是让蓝花楹花期提前；4 月中旬便进入盛花期，开出更多更大的花朵。

　　由此可见，西昌的气候，扬蓝花楹之长而避其短，将蓝花楹的整个生长期照料得极其妥帖。所以，西昌是蓝花楹的乐土，西昌就是蓝花楹最美丽的家！

| 金色仙草湖（螺髻山）| 叶昌云　摄影 |

第四篇

天气监测预报

- 天气预报与可预报性
- 天气现象与天气系统
- 大气探测及观测仪器
- 气象卫星和天气雷达

天气预报与可预报性

☀ "天气无间道"

四川省气象局气象服务中心　赵清扬

关键词导读：天气预报术语　阴晴相间　云量

能让四川人兴奋的事情有哪些？7件事就有5件是有关天气的，而其中，让我们兴奋的5件天气事件中有一件就占得了两个席位，并且还排名第二、第三，那就是出太阳！可见啊，出太阳在我们四川人民心中是多么的重要！不过，2018年1月24日，中国天气网公布的一组"成都天气历史数据"，被媒体称作"成都近7年来的阳光报告"可是在网络上炸开了锅！炸开锅的原因是：2011年1月1日至2018年1月1日，成都总共只出现了99个晴天！瞬间，以《华西都市报》为首的媒体都在转发，引起了网友的热议，关键是，就连我们非常喜爱的李伯伯——李伯清，也发表了自己的看法：嚯哟，7年只有99天出太阳，怪不得成都妹儿皮肤白……

不过，也有很多网友表示疑惑，根据自己的亲身体验，这几年感觉成都出太阳的概率还是挺大的。我刚看到标题的时候，也觉得吃惊，仅99个晴天，总觉得哪里不对劲！

其实，不是数据出了问题，也不是大家的感觉出了问题，而是我们将出太阳的天气和晴天"简单粗暴"地画了一个等号。大家常看天气预报会发现，除了晴天、下雨天，我们更多听到的是"多云""多云间晴""多云间阴""阴间多云"等词汇，"间来间去"，是不是有点晕了？俨然一出"天气无间道"！难道，真的只有晴天才是出太阳的天气吗？

之所以有阴晴相间的天气状况，其实就是太阳和云的"较量"。从气象术语上来说，我们是通过气象观测里的云量来判断天气状况的。云量简单说来就是云遮蔽天空的程度，按 0～10 成的标准来划分。严格说来，晴天的标准应该是云量为 0，现实中应该是这样。

而云量为 10 成的天空，就是纯粹的阴天，云量 1～9 成的情况，其实都是能出太阳的天气，差别只是在于出太阳的程度和时间了。这也不难理解了，为什么 7 年来成都只有 99 个晴天。严格来说，云量仅为 0～1 成的天气，对于"太阳出来喜洋洋"的四川盆地来说，的确是非常珍贵的。

大家忽略了数据中的另外一个天气状况，那就是云量为 4～6 成的多云，7 年来，多云的天数占了将近 1000 天，而多云天气实际上是云和太阳几乎势均力敌的情况，现实生活中，我称它为"一半晴天"。

现在，谁还会说 7 年来成都只有 99 天出太阳了？

至于剩下的"晴间多云""多云间晴""多云间阴""阴间多云"，原则就是太阳和云谁出场时间多，谁就在"间"字的前面。那么，现在外面的天气到底是谁"间"谁呢？管他呢，总之"你若安好，便是晴天"嘛！

| 阆苑仙境（拍摄地：阆中古城）| 冶寄明　摄影 |

☀ "私人订制"天气直播间

泸州市气象局　王甚男　刘译壕　曹菊华
关键词导读：精细化智能网格预报　空间精度　时间精度

大家好，欢迎各位来到泸州气象"私人订制"天气直播间。我是您私人订制气象主播译壕。点个爱心加关注，关注气象不迷路，今天一上线，让我们先来看看网友们的留言。

网友1："主播，我明天想和闺蜜去踏青，请问纳溪区白节镇大旺竹海景区天气怎么样啊？"

网友2："主播，后天我们广场舞比赛，看到预报说有雨，不知道7点到8点这雨会不会停？"

网友3："主播主播，紧急情况，林区发现疑似火点，求提供北纬28°、东经105°实时风向风速，在线等，急急急！"

别急别急，从网友的提问不难看出，随着时代的进步，人们对天气预报的精细化、个性化需求与日俱增，传统的天气预报已经很难满足大众的需要。那如何实现天气预报"私人订制"呢？就得请精细化智能网格预报来帮忙啦！

传统天气预报一般是描述某个区域的天气情况，通常最小以一个区县为单位。以泸州的预报为例，原来的预报仅以纳溪区气象站这一个点的气温、降水和晴雨等来代表整个城市的天气情况。但幅员辽阔的城市，既有山川、丘陵、河流，又有城区、郊区，受地形下垫面影响，天气差别非常大，常出现"东边日出西边雨"的情景。所以，为了更好地体现地区预报差异，精细化智能网格预报也就体现了它的优势所在。

就像地球上的经纬网一样，气象专家们把城市区域分解成许多个网格，整座城市的天气差异可以精细地反映在每个不同的网格之中。打开一张智能网格预报图，无数的格点出现在地图上，通过不断放大，一张1千米分辨率的网格随即展开，双击读取每个格点上的数据，未来10天逐3小时的预报详情赫然在列。浩瀚乾坤的万般变幻，就在一方方小小的网格中展露无遗，所有信息，预报员都可以从这张网中给单独"拎"出来。目前在空间上，全国已基本实现5千米分辨率、

| 宜宾3L波段高空探测雷达 |

2.5千米分辨率日常应用，1千米甚至更精细化的预报也正在逐步普及。

当然，"私人订制"除了空间上的精细，还有时间上的任意性。原来，24小时天气预报中只体现单一的天气现象。有了智能网格预报，实现了全国范围内每3小时滚动更新10天预报。更高频次、更短时效的预报发布，提高了时间精度。随时随地，公众都能了解到自己当前所处网格气温、降水、风等多个基本气象要素，甚至陆地和海洋预报产品已细化到四大类18个气象要素。这使"私人订制"任意时段天气预报成为可能。

随着气象科技的发展，气象科学家们正努力将"5千米""3小时"这两个数字变小，这也意味着网格预报的精细化程度更高，甚至实现无缝隙精细化网格预报，并叠加雷达、卫星、高层等基础信息形成多源融合网格数据，将智能网格预报准确度进一步提高。各行各业也可以根据需要实现天气预报"私人订制"。

那这种"私人订制"的气象服务开始准备上链接了，亲，准备好了吗？3、2、1，准备开拍！这么快就"爆单"了，下单成功的朋友，请记得给五星好评哦！

☀ 地球上气候最恶劣的地方

成都市气象局　罗衣　许晨
关键词导读：天气预报术语　局部地区

曾经有一部"大热"的电影《流浪地球》，影片中极度寒冷的气候给我留下了深刻的印象。回到现实生活中，在我们生存的地球上，每个地区都有着自己的气候特点，有的温暖舒适，有的干燥寒冷，其中，有一个古老而神秘的地区，它仿佛被施了魔咒，几乎每天都在承受着极端恶劣的天气。

"那里"有雷暴，"那里"有暴雨，"那里"有冰雹，"那里"有大风："那里"的名字叫作局部地区。局部，是整体的一个部分。在天气预报中，局部指的是大区域中的小区域。

我想大家都切过西瓜。一个完整的西瓜就是一个整体。我一个人吃的时候，只需要一小块，切出来 10%～30% 的区域就叫作局部。

天气预报中常见的局部地区是怎么产生的呢？在夏季，地面受太阳的强烈烘烤，地面升温显著，促使近地面空气携带着大量水蒸气升入高空，再遇冷凝结，就会变成对流云降水。这种降水有几个特点：一是持续时间短，二是范围小，三是分布不均匀，四是强度大，五是变化迅速，可谓是快速而剧烈的。在面对这种天气时，我们的预报员知道会发生上述这些天气现象，但至于发生在什么地区呢？由于监测密度不够、预报提前时间短等原因，很难精准地指出"局部地区"在哪里。

就像我们在吃了很多辣椒以后，知道脸上肯定会长痘，但具体长在哪个位置呢，就只能用局部来表达了。局部地区的天气预报，就是一把双刃剑。

对预报员来讲，它可是一把"尚方宝剑"：一方面，它让预报员在面临大气这个充满了随机性的混沌系统时，有了可以描述它的手段；另一方面，对公众来讲，它贴着"不精确""不准确"的标签，饱受公众的质疑。

　　天气预报中的魔王究竟是什么呢？那就是"蝴蝶效应"！"一只南美洲的蝴蝶扇动几下翅膀，就可能引起北美洲的一场龙卷风。"同样，温度、湿度、压力等因素的微小误差经过不断累积、逐级放大，就可能会形成巨大的大气运动。

　　那怎样来减少局部的出现呢？随着气象现代化建设的不断推进，我国气象观测站点越来越密集，我们对短时降水的监测手段将会越来越丰富。随着人工智能的不断升级，我们的数值预报技术越来越先进，我们对大气运动的模拟和计算将会越来越精准。

　　到那时，我们可以指出某一条街道甚至某一个小区有雨；我们对预报的具体地点将会描述得越来越准确。到那时，我们对"局部"的使用也将会大大减少。

|遥望峨眉｜彭军　摄影|

让"局部"不再一团"迷雾"

眉山市气象局　朱君
关键词导读：天气预报词汇　局部地区　格点化预报

关于雨的降落地点，"江湖"中一直传闻一个神秘的词：局部。今天我就来给大家讲讲"局部"，让它不再是一团迷雾。

你们听过这个故事吗？一位老太太喜欢听收音机，气象预报每天必听。有一天，她问家人："你们知道局部地区在什么地方吗？住在那儿的人太可怜了，那里几乎天天下雨啊！"这个话题，我们气象人听起来是哭笑不得。其实不仅老太太迷惑，神秘的"局部地区"的确也让不少人"抓狂"。

事实上，"局部"是指一个大区域中的小区域，而这些小区域的位置，常常带有随机性，十分难确定。

雨是不是下在局部地区，主要是与引起降雨的天气系统有关系。有些天气系统带来的降雨位置很明确，如由冷空气与暖空气交汇发生的降雨，形成对流系统的降水范围大，影响时间也较长，通常在天气预报中便可以说：今晚有雨。

而把雨下在局部地区的降雨系统可就不同啦！有一种发生在暖气团区域的降水，它没有冷空气协助，仅由暖空气独立生成。暖空气吸饱了水汽后，就像一块块充满水汽的海绵，在你追我赶的移动过程中，难免碰碰撞撞，受到挤压后就出现局部的阵雨天气。还有一种是强对流天气。它的特点是过程剧烈，时间和空间尺度都很小，一两个小时内就发生、发展、结束。以成都市为例，同一时间可能在天府广场出现雷雨大风，宽窄巷子却是风和日丽。

夏天，在午后最热的时候，地表含有大量水蒸气的空气因为受热会一直猛烈上升，形成像棉花糖一样的大块积云。当积云上升到高空，云中的水蒸气便凝结成水滴降落，午后雷阵雨说来就来啦！而预测哪个位置会形

｜达古湖｜付文斌　摄影｜

成积云，难度系数犹如预测煮水的锅中哪个位置会冒泡一样高。

虽然"局部"天气飘忽不定，难以捕捉，但气象工作者们一直在追求精准预报。70 年来，我国天气预报从站点预报向格点化预报不断升级。怎么理解格点化预报？我们可以把每个城市所在的区域，想象成由多个边长为 5 千米的正方形组成的网格。格点化预报就是针对这些正方形小区域，实现空间上的精准化预报。

不妨想象一下，我们都生活在一个个网格里，每个网格的温度、降水等气象数据值都有差异，5 千米生活圈内，我们可以得知这个区域未来 10 分钟后会下小雨，或再过 10 分钟后雨会停。在"大数据"和"人工智能"等新技术的推动下，未来打开定位和导航，它会告诉你："根据您目前的行进速度，20 分钟后在春熙路商圈附近会有 10 毫米 / 小时的降雨，风速 6 米 / 秒，预计持续时间 30 分钟，建议进入附近某地避雨防风。"

天气预报中听到的"局部"正在减少，"智慧气象"时代即将到来，你期待吗？

☀ "成也预报，败也预报"

凉山州气象局　余磊
关键词导读：上方谷之战　漏报降雨

我们先一起来回顾《三国演义》中3个有名的故事。

第一个故事是"草船借箭"，诸葛亮成功预报了江上的大雾，从曹操手中"借"来了10万支箭；第二个故事是"借东风"，诸葛亮成功预报了东南大风，帮助孙刘联军取得了赤壁之战的胜利；第三个故事是诸葛亮的最后一战"上方谷"，精心设计的火攻被一场突如其来的大雨浇灭，让被

|东拉山红叶|

困上方谷的司马懿得以活命，留下了"谋事在人，成事在天"的感慨。

诸葛亮说："为将而不通天文，不识地利，不知奇门，不晓阴阳，不看阵图，不明兵势，是庸才也。"由此可以看出，诸葛亮对自己的预报能力是信心满满，那为什么他会在上方谷漏报降雨，这场大雨又是怎么形成的呢？

首先，诸葛亮"出山"之前隐居在卧龙岗，他对当地气候研究颇深。赤壁和卧龙岗同属于亚热带季风气候区，所以在赤壁之战时诸葛亮能够准确预测出天气。上方谷在现在西安西边的眉县，属于温带季风气候区，诸葛亮对那里的气候研究不足，所以对那一带的预报能力赶不上赤壁之战之时。

其次，上方谷又叫葫芦峪，山谷的低洼处湿度较大，植被和土壤中的

含水量较高。起火后蒸发的水汽向上运动，遇到高空冷空气凝结成云，再加上诸葛亮的火攻，燃烧产生的草木灰虽然跟现在的碘化银发生器没法比，但也给空气中提供了大量的凝结核，起到了类似人工增雨的作用。

由此可见，诸葛亮没能预报出上方谷下雨有这两点原因：第一，诸葛亮对当地气候了解不足，这也是为什么我们现在的预报员要对上级的预报进行本地订正；第二，因为上方谷的降雨属于小尺度天气，并且还有人为因素的影响，放到现在也依然是预报难题。

前两次成功的预报成就了诸葛亮的"神机妙算"之名，而上方谷漏报降雨却让他抱憾终身。此正是："成也预报，败也预报。"

☀ "捉不住的蝴蝶"

四川省气象局气象服务中心　陈蕾

关键词导读：蝴蝶效应　预报时效　预报准确率

作为一名预报员，前两天我才在上班的路上被大雨浇了个透心凉。我想，这可能就是所谓的"大水冲了龙王庙"，但这次的经历也提出了一个困惑大家已久的问题：

我们对天气的预测能有多精准？

要回答这个问题，首先要了解现在的天气预报是如何制作的。总体来说，进行天气预报分为3个步骤：根据大气运动规律建立模型，利用计算机进行计算推演，将观测到的当前运动状况要素输入计算机作为其计算推演的初始值。听起来是不是还比较简单？然而在20世纪60年代，就已经有一位叫洛伦兹的气象学家指出，这种看似简单的逻辑，其实存在一个巨大的"bug"（缺陷）。

当时的洛伦兹在用电脑计算两个月后的天气，但他发现输入的初始值即使只有0.0001的偏差，算出来的天气现象都会截然不同，换句话说，即使是"一只蝴蝶轻轻地扇动一下翅膀，都有可能会引起大洋彼岸一场剧烈的风暴"，这也就是我们经常听到的"蝴蝶效应"。蝴蝶效应首次在气象学领域被发现，随后在金融危机、股市风暴等其他领域竟然也被一一印证，都出现了一点儿不起眼的操作就引起全面崩盘的现象。

那么回到我们刚才的问题，为什么我们无法预测暴雨会在哪一分钟倾泻而下？那是因为在暴雨前夕，有无数的小水滴在我们看不见的云层深处时刻发生着碰撞，每一次小小的碰撞都有可能引起一场电闪雷鸣，而这个瞬间会在何时发生，我们无法预知。同样，我们也很难去预测一个月以后的具体天气情况，因为在这么长的时间里有太多无法观测的因素会导致迥异的天气变化。

| 光雾山红叶 | 陈敏 摄影 |

一天以内的短时临近预报和一个月以上的长期预报始终因为蝴蝶效应的影响，成为我们气象学界"难啃的硬骨头"。但幸运的是，在两个世纪的气象科学积累下，我们还是渐渐找到了解决这一问题的方向：传统的地面站无法观测到云层内部的水滴状态，我们就找来一位"医生"，几分钟就给天空"照一次 X 光"，直观地看到云层的所有内部结构，这就是雷达系统。同时，这位"聪明的医生"还会利用大数据分析，剔除一些雷达图像上的"花边新闻"，更加精准地发现那些容易被忽略的重要信息。实验也证明，这样的雷达组网将对冰雹的识别准确率提升到了 95% 以上。而对于几个月甚至几十年以后的气候预测来说，我们最应该关注的也不是某一天的具体天气，而是长时间的平均气温状态，比如今年的冬天是不是整体较冷，或是 30 年后的地球会不会比现在更暖。总之，正确地理解不同时效预报的准确程度，才能够让我们更好地利用天气预报趋利避害，而未来我们也必将在科学的指引下，永不停歇地追踪着这只神秘的"小蝴蝶"。

天气现象与天气系统

☀ 雨——滋养大地万物的源泉

遂宁市气象局　张明

关键词导读：雨的形成　降水观测

我们生活中非常常见的一种天气现象，那就是雨。

雨是怎么形成的？我们先看看"雨"字的写法。古人造字：雨即天空降水。而《说文解字》中的描述则是：一象天，冂（jiōng）象雲，水霝（líng）其閒（jiàn）也。凡雨之屬皆从雨。也就是说，雨是水从云层降下地面。字形顶部的"一"，像天穹，"冂"像低垂的云团，水零落其间。所有与雨相关的字，都采用"雨字头"。

更加科学的解释则是：雨是从云中降落的水滴。陆地和海洋表面的水蒸发变成水蒸气，水蒸气上升到一定高度后遇冷凝结变成小水滴，这些小水滴组成了云，它们在云里互相碰撞，合并成大水滴，当它大到空气托不住的时候，就从云中落了下来，形成了雨。

天气气候条件与人类的生存发展息息相关。中华大地上的原始居民，很早就有意识地观察和认识风云雨雾、冷热干湿等天气现象。相传，在黄帝时代，就已经设有专人从事气候观察。这一官职历朝历代相沿，虽然官职名称不一，但从未空缺。

在南宋时期，数学家秦九韶曾在《数书九章》卷四中列有四道有关降水的算题，就是天池测雨、圆罂测雨、峻积验雪、竹器验雪。秦九韶在序中说：农业生产的丰收与否，和雨雪很有关系。主管农业的官员想知道雨雪量，但是如果盛雨雪的容器形状不同，容器里积的雨雪量就大有不同。怎样才能客观地从容器的雨雪量计算出有代表性的雨雪量呢？秦九韶在《数书九章》中就提出用天池测雨、圆罂测雨、峻积验雪、竹器验雪等方法来测量降水量。

明太祖和明仁宗时，政府明令全国各州县要上报雨量，当时曾统一颁发雨量器。与现代测雨工具最接近的当属"乾隆测雨台"了。它以黄铜制

| 春天的列车 | 张世妨 | 摄影 |

造，为圆筒型，筒高一尺五寸，圆径七寸，置于测台之上，用于量雨，测台正面书有"测雨台"3个大字，旁边则是"清乾隆庚寅五月造"的字样。

随着科学技术的不断进步，现在我们用更加科学的手段来观测降雨，对天空降落的液态（雨）和固态（雪、雹）水量的观测和记录。各种形式的降水均以其承受地点水平面上积聚的水层深度来表示。其计量单位为毫米，通常测计至0.1毫米。降水观测是研究流域或地区水文循环系统的动态输入项目，是水资源最重要的基础资料之一，对于工农业生产、水利开发、江河防洪和工程管理等方面作用很大。

| 天空下的三月　黄金甲一样的油菜花 | 王永江　摄影 |

　　测定降雨量常用的仪器包括雨量筒和量杯。雨量筒内装一个漏斗和一个瓶子。量杯的直径为 4 厘米，它与雨量筒是配套使用的。测量时，将雨量筒中的雨水倒在量杯中，根据杯上的刻度就可知道当天的降雨量了。

　　人工雨量观测存在许多弊端，所以，后来我们采用自动化的观测设备——翻斗雨量筒。它的得名来自于其特殊的内部构造，内部由 1～3 个翻斗和干式舌簧管等部件组成，承水口收集的雨水，经过上筒（漏斗）过滤网，注入计量翻斗。翻斗是用工程塑料注射成型的用中间隔板分成两个等容积的三角斗室。在翻斗侧壁上装有磁钢，它随翻斗翻倒时从干式舌簧管旁扫描，使两个干式舌簧管轮流通断。即翻斗每翻倒一次，干式舌簧管便送出一个开关信号（脉冲信号）。这样翻斗翻动次数用磁钢扫描干式舌簧管通断送出脉冲信号计数，每记录一个脉冲信号，便代表 0.1、0.2、0.5 毫米降水（目前应用比较普遍是 0.1 毫米的翻斗雨量筒），实现降水自动观测的目的。

　　随着我国气象现代化建设的不断推进，近几年，高新技术不断投入到气象观测中。对降水量观测而言，最典型的莫过于气象卫星、天气雷达和降水现象仪的投入使用了。

　　各种不同尺度天气系统的云区和各种不同的地表特征，在卫星云图上都有其特定的色调、范围大小和分布形式。利用卫星云图可以识别不同的天气系统，确定它们的位置，估计其强度和发展趋势，为天气分析和天气预报提供依据。

　　天气雷达是监测和预警强对流天气的主要工具，其工作原理是通过发射一系列脉冲电磁波，利用云雾、雨、雪等降水粒子对电磁波的散射和吸收原理，能探测降水的空间分布和铅直结构，并以此为警戒跟踪降水系统。

　　降水现象仪主要由光学雨量计等组成，其工作原理是测量雨滴经过一束光线时由于雨滴的衍射效应引起的光的闪烁。闪烁光被接收后进行谱分析，其谱分布与单位时间通过光路的雨强有关，与雨滴的半径大小和雨滴降落速度也有关系，从而判断降水种类、降水强度与有无降水等。

☀ 大自然的"搬运工"——雨

德阳市气象局　王远东　胡文婷　彭飞
关键词导读：雨的形成　雨量等级

　　近期，四川盆地西部成了全国暴雨中心，历史罕见的暴雨、大暴雨甚至特大暴雨持续出现，导致江河洪水泛滥，城镇积涝成灾。这么多的水是从哪里来的呢？今天我就给大家讲讲大自然最伟大的"搬运工"——雨。

　　水乃生命之源。就目前所知，地球是太阳系中唯一被液态水覆盖的星球。地球表面71%被水覆盖，在星空中呈现为一颗蓝色星球。在地球大气水循环中，降雨是最重要的一环，可以说雨就是自然界水的"搬运工"。

　　下面我来说说降雨是怎么形成的。地面的液态水经蒸发形成水汽，水汽上升过程中冷却凝结形成小水滴或冻结成冰晶，这些小水滴或冰晶组成了云。在一定动力条件下这些水滴和冰晶随上升气流不断碰撞合并，小水滴或冰晶变成了大水滴或较大的冰粒。这时候云滴就变成了雨滴，当雨滴大到上升气流无法承托的时候，它就降落下来形成了我们常见的降雨。有时候云不够高或冰粒过大，冰粒到地面还没融化完，就是我们所见的霰或者冰雹。按照降雨的形成特点，我们还可以分成对流雨、锋面雨、地形雨、台风雨等类别。一般来说，对流雨和台风雨降雨强度特别大，而锋面雨和地形雨相对强度要低得多。而2020年8月四川盆地这次持续暴雨天气过程的水就来自遥远的南海，水汽从源地到四川降雨区距离长达几千千米，搬运的水量也多达万亿吨，所以说降水应该是大自然最厉害的"搬运工"了。

　　我们的祖先又根据天气气候和农业生产的关系，总结出了二十四节气，这些节气中大部分都与降水有关。

　　我国根据降雨量将降雨分成小雨、中雨、大雨、暴雨、大暴雨、特大暴雨6个等级。我国年均降水量628毫米，降雨最多的是台湾的火烧寮，年平均降水量达 6558.7 毫米，最少的是吐鲁番盆地中的托克逊，年平均降水量仅 5.9 毫米。地球上有记录降水最多的是位于印度东北部的乞拉朋齐，多年平均年降雨量 10818 毫米。地球降雨最少的地方则是位于南美洲的阿塔卡马沙漠，平均年降水量小于 0.1 毫米，甚至在 1845—1936 年的 91 年从未下雨，被称为地球"干极"。

"春雨贵如油"，千百年来我国一直是一个农业国家，降雨自然对我们的生产生活有着重要影响。我们也在不断学习，利用掌握的科学技术知识，采取监测预警、兴修水利设施和人工影响天气等趋利避害措施。

"水光潋滟晴方好，山色空蒙雨亦奇"。降水最终通过江河又归于大海。在做好灾害防御的同时，我们更应细细思量人与自然的关系，珍惜大自然的"搬运工"带给我们的生命之水。

｜沐川潇洞飞虹｜张世妨 摄影｜

☀ 雪之华

成都信息工程大学　陈泽慧

关键词导读：雪花形状　气象因子影响

　　大家好，初次见面，请多关照，我的名字叫作雪花。什么？你们见过我？哦，我明白了，你们见到的一定是我们雪花大家族的集体照，但是你们单独研究过我们每一片雪花的形状吗？

　　其实如果你仔细观察就会发现，我们每一位雪花兄弟的形状都是不一样的，这是为什么呢？

　　大家都知道，我们是由小冰晶慢慢长大，最后变成雪花与大家见面

｜一方一净土，一笑一尘缘｜林钢　摄影｜

的，在此期间，我们可是经历了不断地磨炼和改造，而对我们变化起主要作用的就是水汽条件和温度。

在我们还是小冰晶的时候，我和我的兄弟们长得都差不多，都是六角形的，在我们的前后两面、六个边、六个角上的弧度都是不同的，这个弧度就是曲率。相应地，这些地方也具有不同的饱和水汽压，其中六角上的饱和水汽压最大，六边次之，前后两面最小。在大气实际水汽压相同的情况下，这些地方凝华增长的速度是不同的。在我们家里，也就是云中的水汽不太丰富的时候，实际水汽压仅大于我们前后两个面的饱和水汽压，所以水汽只在这两个面凝华，这时我们就被改造成了柱状雪花；如果我们家中的水汽压大于我们六个边上的饱和水汽压，水汽在我们六边也会发生凝华，凝华与物体弧度有关，弧度大的地方凝华较快，所以我们六个边上的凝华比前后两面都快，这时你们看到的就是最常见的片状雪花；而当我们的家中水汽非常丰富的时候，在我们面上、边上、角上都有水汽凝华，但

因为我们的尖角处曲率较大，水汽供应也最充分，所以凝华增长得最快，这样我们就被包装成了枝状雪花。

你们可别以为我们的成长过程到这里就结束了。大家知道，凝华是物质从气态直接变为固态的现象，温度不同，凝华的速度也不相同。我和我的兄弟们在旅途之中，到过的每个地方温度都是变化的，温度越低，凝华的速度就越快，所以我们每个部位增长的速度，最后的大小都是不同的。这样，我们降落在大家面前的时候，你们看到的就是多种多样各不相同的雪花，这就是我们的成长经历。

好了，春天来了，我们也要回家了，很高兴见到你们各位。人生最美是初见，每一次你们见到的都是全新的我，每一次都是我们最美的初遇。再见了，我最可爱的朋友们，期待下一个冬天，在某个地方与你们相遇，再见了各位！

☀ 来自雪花的声音

四川省气象局气象服务中心　孙豪杰

关键词导读：雪的形成　雪的作用

你，听到过雪花的声音吗？

1884 年，一位美国男孩拍下了世界上第一张雪花的照片，接着，歌曲《雪绒花》伴着全世界的孩子们安静入眠。

雪花是世界上最美的花，它悄无声息从天而降，有的是小雪粒，有的是六角形，还有的是柱状体，千奇百怪。它的高矮胖瘦在 0.05～4.60 毫米，有着 100 倍的差别。每一片雪花都是"天使"，它独一无二。许多艺术家都在展现着雪花之美，雪花之恋。

雪花是怎么来的呢？

江河中快乐的小水滴借着太阳的能量蒸发成了水蒸气，一跃而上飞到了天空。突然，太阳不见了，冷空气来了，它们六个六个地抱在一起，形成了六角形的晶体，也就是雪花的胚胎。湿度越大，胚胎就会吸收越多的水分子，雪花呈现的形状就会更加复杂，甚至会出现十二角形。

徐志摩在诗歌《雪花的快乐》中是这样描述的：

假如我是一朵雪花，翩翩地在半空里潇洒，我一定认清我的方向，飞扬，飞扬，飞扬，这地面上有我的方向。

雪花常常被形容为"鹅毛""轻舞飞扬"，它到底有多重呢？

据统计，大约 10000 个雪花加在一起才 1 克重。但是在一场大雪中，可以坠落很多很多的雪花，1 立方米体积的重量大约为 80 千克，恰是一位成年男子的重量。虽然一朵雪花很轻很轻，但一场雪的重量，可以让你对它"刮目相看"。

雪花只会出现在阴天吗？当然不是。

在气象学上我们管它叫"太阳雪"，这是一种短时阵性降雪，通常出

|海螺沟国家地质公园|

现在我国北方上午 9 时到 10 时或者下午 3 时到 4 时，当一个地区上空正好云层较薄、阳光穿云斜射时，幸运的你就可能看到"阳光飞雪"了。

当天降大雪，大地就会被白色浪漫包围。俗话说"瑞雪兆丰年"，雪花是冬小麦的"棉被"，是滋养农田的源泉。当然，雪花也会有下得猛烈失控的时候，我们更希望它能够下得"恰到好处"。我们也要做好各种防护，平安地度过每一个寒冬，让雪花成为人类最冷艳的朋友，成为真正的福音。

这就是雪花的秘密，雪花的声音。

☀ 苍穹之气

四川省气象探测数据中心　李雪松
关键词导读：风的形成　气压差

　　有人闲来无事会说"白茶清欢无别事，我在等风也等您"；有人在微风徐来漫步林间的时候会说"水粼粼，夜冥冥，思悠悠，风飏飏，柳飘飘，榆钱斗斗"；有人经历世间沧桑，征战沙场会说"风卷尘沙起，云化雨落地"；虽然说风这个东西来无影去无踪，但千姿百态的世界却都留下了它的痕迹。

　　在中国传统文化里面，自然界被《易经》中的八卦分成了八类。其中风对应的是巽卦，巽卦的卦象：巽为风，性入，风之入物，无所不至，无所不顺。意思是风是柔顺的，但却无孔不入。

　　这么神奇的现象——风，到底是如何产生的呢？我们做一个简单的实验。这里有一根蜡烛，我们可以看到在点燃的时候蜡烛的火焰是静止的，说明在这里是没有风的，现在我们把它放进这个方盒子里面。方盒子的右边和上面分别有一个圆柱体的空心管道，我们可以观察到：第一，可以看到蜡烛的火焰开始往左边倾斜；第二，在顶端铝片开始向上微微颤动；第三，我们用手将右边的进风口挡住，蜡烛的火焰恢复静止。根据这3个现象其实可以总结出来，里面是有风的，进风口在右边，出风口在上边。

　　原因是什么呢？蜡烛燃烧产生了大量的热能，火焰周边的空气被加热，热空气被抬升，右边的冷空气开始进入箱子，从而形成了风。

　　我们说世间本没有风，有的只是空气在流动。空气流动形成风，而空气流动的根本原因是气压差。空气被加热，密度就会降低，气压自然就会降低，空气从高气压的地方到低气压的地方就会有风。

　　我们发现了风的成因之后，应该如何去认知它呢？风是从高压吹向低压，那么它就一定会有方向，我们定义风吹来的方向是风向。高压越高，

低压越低，风就会越大，表现为风速越大。

　　自然界有很多神奇现象，可能我们看不见、听不到，也摸不着，就像风一样，但我们依然去探索它。不管怎样，这些存在于我们身边的一切都将和我们的生命发生作用，这一股苍穹之气，不仅是自然界的一阵风吹过，更是我们的好奇之心与天地的链接。

|达州市宣汉县罗盘顶气象景观|

☀ 穿越时空的云彩

达州市气象局　周自如　肖鹏

关键词导读：云的形成　云的种类

"候日始出，日正中，有云覆日，而四方亦有云，黑者大雨，青者小雨。"

小生不才，刚刚所念之词出自于我用毕生所学所闻所见编著的《相雨

| 峨眉宝光 | 金辉　摄影 |

书》中的观云篇，让诸位见笑了。没曾想到一晃便是1000多年的光景，望着眼前的一切，真叫人不得不叹为观止。

我这个古人结合现代知识做个实验，来模拟一下云的形成。我将温水倒入手中的玻璃杯，用它来模拟太阳对湖海的蒸腾作用。水蒸发而成蒸汽跑到空中，接下来我拿出一块冰置于玻璃口，立刻就会发现在冰块周围形成了明显的白气，就像雾一样飘浮在空中。在自然环境当中，因为江河湖海的蒸腾作用，大量水蒸气升入空气中，空气中的水蒸气遇冷会凝结成许多小水珠或小冰晶，聚集在一起，飘浮在空中，在低空的是雾，在高空的则是云。

而在我们那个时代云是吉祥的象征。我们不仅祭祀云，还得学会通过观察云的形状、薄厚、颜色等的变化来预测天气，观云识天！那么，看云真的能够"识"天气吗？

在日常生活中，我们常常会看见这样的一种云，它们有一个平坦的底部，都位于同一水平线，它的名字叫作淡积云，淡积云一般不会下雨。

但是如果你注意到积云越来越大、越来越高，并在大气层中向上延伸，此时此刻它就演变成了积雨云，这是一个强降雨即将到来的迹象！

还有一种是层云，它是一片低而连续的云层，很薄，大家会有天气阴沉的感觉，但是它不大可能会下雨，而且最多只会是一场毛毛雨。层云和雾一样，你若在这样的天气走在山间，可就摇身一变成了行走在云中的仙人！

要是遇见高空形似鱼鳞的白云，一排排一列列的，预示着短期天气晴好，可以和阳光来一场浪漫邂逅。

而随着上下千年的变化，我们从地面上仰视云，到现在从宇宙中俯视云！自1988年起，我国开始发射"风云"系列气象卫星，开启了观云识天新视角，给人们的生活提供了更大的便利！而我也相信穿越时空的不仅仅是云彩，还有无论何时何地都深深扎根于我们内心的气象精神，在此向所有的气象工作者致敬！

☀ 揭开"地震云"的真面目

自贡市气象局　刘思宇　袁立新
关键词导读：地震云　透光高积云

就在 2019 年 2 月，自贡荣县在两天之内发生了 3 次 4 级以上的地震，造成荣县 2 万多间房屋受损。本地微信群、朋友圈、网络论坛中各种小道消息层出不穷，"地震云"便是其中之一。

其实，有关"地震云"的说法由来已久。日本的键田忠三郎在 1956 年日本福冈 7 级地震之前看到一条非常奇特的云带，之后他留意到，几次地震发生前均出现类似的云，于是他称这样的云为"地震云"。二十世纪七八十年代，我国正处于连续大地震的影响中，键田忠三郎频繁出访我国宣扬他的"地震云"理论，"地震云"学说在民间风靡一时，至今仍不绝于耳。

民间流传着哪些"地震云"？通过微博一搜，真是不看不知道，一看吓一跳，原来有这么多所谓的"地震云"！我从中选了几种出现频率高的所谓"地震云"，有长条状"地震云"，有辐射状"地震云"，有鱼鳞状"地震云"，还有肋骨状"地震云"。

按照"天有异象，必有反常"的古语，大家都言之凿凿地说"这是地震云"！但实际上，根据世界气象组织在 2017 年发布的新版《国际云图》，这些"地震云"都有它们的真实面目：这种长条状"地震云"，学名叫人为衍生性卷云，其实说白了，就是人工飞行器产生的蒸汽尾迹；这种辐射状"地震云"，学名叫云洞性波状卷积云，是飞机穿过冰晶云层而形成的；这种鱼鳞状"地震云"，学名叫透光高积云，这是冷空气到来时出现的一种云，预示着天气将变得不稳定；而这种肋骨状"地震云"，学名叫波状层积云，这是大气中的重力波产生的层积云。

早在 1978 年，日本气象厅例会上，地震专家们直言不讳道："看云预报地震的方法是无稽之谈""云和地震的关系纯属偶然"等。我国主流学界也从对其宽容接纳到完全否定。2017 年 8 月，九寨沟地震发生后，中央气象台首席预报员张涛在接受《焦点访谈》采访时曾解释道："一种类型的云可能绵延几百千米，地震的震中基本上就在一个点，把这作为因果联系，选择性地提取，进而观测现象的方法本身是非常荒谬的。"

今天我们回头看，当人们遭遇诸如地震这样的重大灾难后，往往会反复回忆起事件发生前的各种细节，并倾向于认为这些细节是"罕见和异常"的。其实这些"罕见和异常"经常发生，只不过平时人们不会去特意观察记录罢了。那些看似怪异的"地震云"，也是这个道理。如今，随着科学认知理论的不断发展，"地震云"已绝迹于科学界和严肃出版物。

几十年过去了，"地震云"学说仍然无法给出所谓"地震云"的科学解释。所以今天我要告诉大家："地震云"是不存在的，至今还没有有效证据表明云可以用来预测地震。

| 峨眉山宝光 | 张世妨　摄影 |

☀ 敢于"叫板"台风的"幕后黑手"

四川省气象局气象服务中心 赵清扬

关键词导读：**西南涡 定义与形成 灾害影响**

提到西南涡，也许大家都很陌生，其实它与我们熟悉的台风一样，都是一种逆时针旋转的低压系统。西南涡和台风一样，走到哪里，哪里便暴雨连连。大家都记得1998年夏季发生在长江流域的特大暴雨洪涝灾害吧，这场天灾的"幕后黑手"正是西南涡！

如果大家认为台风和西南涡就是一回事的话，那台风就太委屈了！台风可是气象界的"网红"，而且，还是"高富帅"！而西南涡，却是气象界鲜为人知的"矮穷丑"！接下来，我就来说说，让大家来了解一个真正的西南涡。

首先，台风来自"海外"，而西南涡却是我们的"土特产"；再说"身高"，台风的"高"是"恨天高"，它的垂直高度大约是 17 个广州"小蛮腰"堆起来的高度；而西南涡，学术界对它的描述是"浅薄"：它是由高原地形与一定环流共同作用下在西南地区低空 700 百帕或 850 百帕上形成的一种"浅薄"的低涡，顶多有 5 个"小蛮腰"高。与台风相比，这就是"武松"和"武大郎"的区别。

论完"身高"，再来看"颜值"。2015 年的台风"三连发"，不管它们给我们带来了多大的风雨，它们的美不可否认。而西南涡，由于它的尺度比较小，顶多只能算一个中尺度天气系统，所以它在卫星云图上很难被发现，即使有也是模糊不清，与台风相比，是不是一个是"西施"一个是"东施"呢？

俗话说，名如其人，台风的名字很洋气！比如，"苏迪罗""浪卡""妮妲"。而西南涡的取名就"土气"得多，一般是以出生的地名来命名：比如，在川西高原九龙一带生成的涡就叫"九龙涡"。说到这里，西南涡似乎每个方面都"完败"台风，但是大家可别小看了这个"其貌不扬"的家伙，它所造成的灾害影响一点也不逊色于台风。比如，2013 年，都江堰发生的特大山洪泥石流灾害，就是西南涡引起的，其造成的累积最大降雨量达到了 1100 多毫米；而大多数台风所造成的累积最大雨量也就是一般几百毫米不等。

既然西南涡威力如此之大，为什么人们对它的关注度还不及台风的1/10 呢？每一个台风的生成到消亡，都像媒体跟踪明星从怀孕到生子的全过程一样；而西南涡，网上一查，基本都是学术论文。西南涡之所以如此"低调"，是因为它"松散、矮小、古怪精灵"，让人难以捉摸，如何避免它可能给我们带来的气象灾害可比台风难得多。

不过，从 2010 年开始，气象科学家就组织了西南涡加密观测大型试验，这项试验在一定程度上推动了西南涡的研究。随着我们对西南涡进一步的认识，我们希望西南涡能够得到更多的关注，同时，对它的研究成果也能进一步推进我国暴雨天气预报的准确率，提高我国防灾减灾的能力，使人民安居乐业。

☀ 让台风消失？

宜宾市气象局　郭银尧

关键词导读：台风山竹　台风旋转

2020 年 9 月，有网友说，在海上发现了一颗巨大的"水果"。当然，它的真面目就是去年发生在西太平洋、最大风力达到 65 米／秒的超强台风——"山竹"。

65 米／秒的风是个什么概念？大家都知道风力等级表，最高级是 17 级，而台风"山竹"就是连风力等级表都没有包含到的 17 级以上的风。当它以这个中心最大风速在菲律宾登陆时，就相当于西安至成都的高铁以最高时速撞了上去，破坏力可想而知。

人们不禁要问，要是没有台风该有多好！好，让我们"脑洞大开"一下，想一想，用什么方法能够让台风消失掉呢？

首先，得让它停止旋转！我们知道，地球无时无刻不在进行自转，当物体在运动的时候，会受到地球自转的影响，产生些许方向上的偏移，这种改变方向的力我们称为地转偏向力，也叫科里奥利力。以北半球为例，当海水蒸发到空中，在海面上会形成一个低气压，四周的空气会向低压中心补充流动进来，此时，科里奥利力就掺和进来了，它会让风向右偏，当所有汇集的风都向右偏那么一点点的时候，奇迹就发生了，竟然形成了一个逆时针旋转的旋涡，是不是跟台风很像？相对应的，在南半球，科里奥利力会让风往左偏，于是在南半球会呈现顺时针旋转，这就是台风旋转的奥秘。

地球是如此的特殊，那我们逃离地球不就好了？2017年朱诺号探测器略过了太阳系最美丽的星球——木星，它有一个著名的大红斑，没错，就是一个稳定存在的巨大台风。无独有偶，海王星的大黑斑、天王星的大亮斑、土星的六边形风暴都说明，我们并不特殊。事实上，宇宙中所有的星球都有自转的特性，只要是一颗质量足够大、能捕获到大气层的星球，就有风暴的产生。如果我们不逃离，让地球停止自转，不就没有科里奥利力了吗？科幻电影《流浪地球》就是这样做的，但即便是能够把地球停转，也不敢把台风轻易拿掉。因为，宇宙中不存在绝对的静止，放在宇宙的参考系中，地球依旧在自转。所以，让台风停转是不可能了，这辈子都不可能了。

那我们可不可以换个思路，稍微地，让它的威力减小一点儿呢？比如说，往台风中心扔个原子弹。这不是天马行空的想象，从20世纪开始，就一直有科学家企图进行人为干涉台风的发展。美国就曾实施了"狂飙计划"，在台风的周围撒播催化剂，结果是可想而知，对于动辄半径几百千米甚至上千千米的台风来说，那点催化剂也就是蚍蜉撼大树。

既然不能从正面攻击台风掌握台风的行踪，那么，趋利避害自然就成为当下人类应对台风最有效的手段。截至2017年，我国的台风预报准确率已经连续5年超过了美国和日本，在这一领域成为国际领先。

科技的发展日新月异，我们的认知也不断地被刷新。也许100年后，我们的知识已经可以让我们掌控天气，消减台风。谁，又能保证说不是呢？

| 落日余晖 | 张世妨 摄影 |

☀ "吐水成雨的怪兽" ——西南涡

德阳市气象局　罗倩
关键词导读：夏季暴雨　西南涡　移动路径

夏天的"标配"是什么？空调？西瓜？还是小龙虾？要我说啊，对于咱们四川人，暴雨才是夏天的"标配"。似乎每年夏天，暴雨都从未把四川"遗忘"过。

2018年7月11日，四川盆地大部分地区出现了强降雨天气过程，部分地区甚至进入了"看海"模式，这都是暴雨惹的祸。我们要想彻底摸清楚暴雨的"脾气"，就得先揪出它的"幕后推手"。在造成夏季暴雨的众多天气系统当中，西南涡便是罪魁祸首。它就像是一只会爬行的神秘怪兽，吐水成雨，倾盆成河。

那么，这只怪兽究竟是"何方神圣"？让我们一起来见识一下：大名：西南低涡；小名：西南涡；别名：中国西南地区的"台风"；祖籍：中国西南；特长：吐水成雨；年龄：小于48小时，不过，也有一些生命力旺盛的西南涡，在夏季可存活6～7天呢。

除此之外，这群"怪兽"还有一大特点，爬行！当它们在中国西南地区生成以后，"性子比较安静"的就始终待在源地，在上空盘踞12～24小时以后便"结束了一生"。例如，四川盆地秋冬季节的连阴雨就与西南涡停滞不前有关。另一类便是"极为活泼、天性好动"的。这样一群"活泼怪兽"出生以后，常"兵分三路"：第一路，东路，影响长江、黄淮两条流域东移入海；第二路，东南路，扫过贵州、湖南、江西、福建出海，有时还会对广西、广东造成影响；第三路，东北路，跨过陕西南部、华北、山东地区出海，有时可杀到东北地区。只要是西南涡所到之处，95%以上都是大雨倾盆。就它所造成暴雨天气的强度、频数和范围而论，其重要性仅次于台风，是一个十足的"狠角色"。

|仙草湖（螺髻山）|

　　要想抓住这个"狠角色"，有两种主要方法。我们可以把设在各个地方的气象站想象成一张网，可目前这还是一张过于稀疏的网，还难于网住西南涡这个"小个头"。所以气象工作者在现有业务观测站网基础上要通过提高观测频率和站点来织密这张网，达到成功捕捉西南涡的目的。此外，还可以将一个小型探测仪绑在氢气球底部，将氢气球下投到西南涡的里面，说不定无人飞机也可以派上用场呢。气象部门对探测到的要素进行分析、预报，我们就能在怪兽出现或即将出现时，把它是什么样、要做什么都看得清清楚楚了。

　　西南涡的发生、发展及其造成的洪涝灾害等一直是气象科技工作者和天气预报员们既热衷又头痛的重要课题。在未来，随着气象科技的不断进步，我们一定可以揭开这只神秘怪兽的面纱，趋利避害，与我们握手言和，和谐相处！

☀ 海洋，我们的"湿"和远方

成都信息工程大学　魏昊旸

关键词导读：海洋　加湿作用　双刃剑

2021年世界气象日的主题是海洋、我们的气候和天气，那么关于海洋你知道多少呢？今天我们就来见识一下海洋加湿本领对我国造成的影响吧！

在我国，南北方气候有很大的差异，而这一差异的主要原因就是因为南方的朋友们有着最厉害的加湿器——海洋。在我们的认知中，南方湿度高，北方湿度低，离海洋近的地方湿度高，离海洋远的地方湿度低。在3月北方开着加湿器的时候，南方已经开着除湿机了，比如两广一带的"回南天"。其实，"回南天"是天气的返潮现象，一般出现在二三月，从中国南海吹来的海风带着温暖潮湿的空气，与从中国大陆北部来的寒冷气流相遇，形成静止锋，是华南地区的天气阴晴不定、非常潮湿的主要原因。

可以说，"回南天"真是给大家带去了"湿"和远方。在"回南天"时，床是潮的，墙是潮的，地是潮的，在这样的环境下待在室内，我怀疑身上会"长出蘑菇"来。

所谓"湿"和远方，一是潮湿，另外一个就是因为室内比较湿冷，需要到户外取暖。不过，室外也不好过，雾气蒙蒙正是"回南天"最具特色的表现。据统计，"回南天"最严重的时候，能见度只有50米左右。

有个问题要考考大家，夏天湿度也高为什么不会出现"回南天"呢？这是因为在夏天纵使有潮湿的海洋气流，但是墙壁和地板已经不够冷，所以水汽不会在上面凝结。你答对了吗？

到了夏天，"回南天"终于结束了，这个时候海洋也会开启加湿的第二档——季风加湿。盛行风向随季节改变的风，对于我国来说，夏天吹东南风和西南风就是季风，而冬天吹偏北风，夏天的海风都会一路北上，致使我国北方的湿度也逐渐加大，同时，也预示着一年中雨季的到来。

其实温岚的一首歌已经把夏天的风描述得非常形象了，这也是季风气候最大的特点，雨热同期，雨季同时也是热季，所以在夏天，我国大部分地区都是相对闷热和潮湿的一段时间。

每个人对于春夏秋冬的喜好是不同的，但是这种气候对于农业发展来说，其实是十分有利的。因为在作物生长旺盛、最需要水分的时候能够有充足的水分供应，所以从气候上来讲，我们理应成为农业大国。

如果你觉得海洋的加湿还是不够给力的话，那它会附赠一个"大礼包"——台风，也就是海洋的超级加湿模式。台风源地分布在西北太平洋广阔的低纬洋面上，相对集中在菲律宾和我国南海海区，因而海洋便是台风的发动机。

台风中心登陆时，往往引起很高的浪潮，有时还会引起海水倒灌，所到之处通常伴随着狂风暴雨等强对流天气。与此同时，丰沛降水也随它而来，改善了沿海地区淡水供应和生态环境。它引发了巨大的热能量流动，使地球保持了热平衡。

台风的风雨未必都是灾害，有的时候也是一种资源，从这个角度来说，海洋的加湿作用对我们来说是一把"双刃剑"。如何更科学地利用它的加湿作用实现趋利避害，应该是更值得我们学习和应用的。至此，你对海洋的了解有没有更多些呢？

| 东拉山的红叶 | 韩锦燕　摄影 |

259

| 广元市旺苍县盐井河彩叶林 |

☀ "冷面杀手"背后的温情故事

南充市气象局　文川东

关键词导读：冷空气　驱散雾/霾

　　说到冷面杀手，大多数人脑海里都会出现残暴、冷酷、无情这样的字眼，但让我对这个词有所改观的是法国电影《这个杀手不太冷》。电影讲述的是一位冷面的职业杀手不经意间搭救了一个小女孩，还为之付出生命的故事。这样极具戏剧色彩的剧情也发生在自然界中，今天我们就一起来揭秘天气背后那些鲜为人知的温情故事。

首先，请大家想一想，提到灾害性天气，你会想到什么？暴雨？冰雹？还是龙卷风……其实，在我们身边还有这么一位深藏不露的"天气杀手"——冷空气。众所周知，在冬季，冷空气会导致冰冻雨雪天气，严重时，甚至能影响交通、电力以及农业生产。骤然降低的气温还会诱发心脑血管方面的疾病，严重时还会要人性命。

但我们也不要谈"冷"色变，因为在它冷酷的外表下，它也有"温情"的一面。比如冷空气带来的积雪可以杀死病害，保护农作物，同时，在雾/霾天，冷空气的出现会增加空气的流动性，驱散雾/霾。此外，人们对冷空气也有几种亲切的称呼，比如："冷加净""雾/霾杀手"，还有"最美清洁工"等。可是冷空气为什么能驱散雾/霾、净化空气呢？要想弄清楚这其中的原因，首先就得从冷空气的发源地——地球的两极，遥远的北冰洋和南极说起。

地球上不同纬度区域所接收到的太阳热量是不同的，地处高纬的两极，如北冰洋和南极地区获得热量非常少，因此，这里终年积雪，气温极低，大量冷空气在此堆积。当冷气团堆积到势力足够强大时，就开始向低纬度"进攻"，经过广袤且同样寒冷的西伯利亚后，势力得到壮大，以更迅猛的态势继续南下，这时的"冷空气"就像它的出生地一样干净、纯净。当干净的冷空气在低纬度地区与暖空气相遇时，由于冷气团密度大而产生下沉，将近地面污浊的暖气团向外挤出，这就好比是一把巨型扫帚，虎虎生风地自上而下挥舞着，将所经之地的雾/霾一扫而光，给几千千米的范围带来了清新的空气。

听完我的讲述，大家是不是对这个"冷面杀手"有了一些好感呢？冷空气每年都会来到我们这里，给人们带来许多灾难和痛苦，但它又为大家驱散雾/霾，清洁空气。它对自然、对人类到底是弊大于利，还是利大于弊，着实是一言难尽。随着气象科技的不断进步和发展，我坚信只要一代代气象人不忘初心，努力拼搏，一定能用科技和智慧的力量，让"弊"越来越小，让"利"越来越大，人与自然和谐相处终将不是梦！

┃延伸阅读 ·· •

四川省气象灾害预警信号——寒潮预警信号

寒潮预警信号分 4 级，分别以蓝色、黄色、橙色、红色表示。

（一）寒潮蓝色预警信号

图标：

标准：春季（3—4 月）和秋季（10—11 月），48 小时内日平均气温将下降 8 ℃以上或者已经下降 6 ℃以上并可能持续。冬季（12—2 月），48 小时内日平均气温将下降 6 ℃以上或者已经下降 4 ℃以上并可能持续。

防御指南：

1. 注意添衣保暖；

2. 对农作物等采取一定的防护措施；

3. 妥善处置易受降温和大风影响的动植物；

4. 高空、水上等户外作业人员注意防寒防风。

（二）寒潮黄色预警信号

图标：

标准：春季（3—4月）和秋季（10—11月），48小时内日平均气温将下降10℃以上或者已经下降8℃以上并可能持续。冬季（12—2月），48小时内日平均气温将下降8℃以上或者已经下降6℃以上并可能持续。

防御指南：

1. 政府及有关部门做好防御寒潮工作；

2. 注意添衣保暖，照顾好老弱病幼人群；

3. 对牲畜、家禽和农作物等采取防寒措施；

4. 高空、水上等户外作业人员采取防冻措施；

5. 电力、燃气部门加强能源调度。

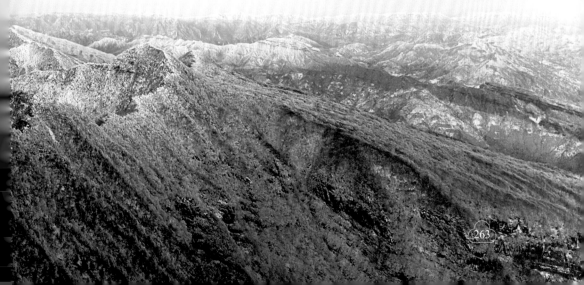

｜光雾山景区｜巴中市气象局　供图｜

（三）寒潮橙色预警信号

图标：

标准：春季（3—4月）和秋季（10—11月），48小时内日平均气温将下降12 ℃以上或者已经下降10 ℃以上并可能持续。冬季（12—2月），48小时内日平均气温将下降10 ℃以上或者已经下降8 ℃以上并可能持续。

防御指南：

1.政府及有关部门适时启动抢险应急预案，做好防御寒潮的应急和抢险工作；

2.电力、燃气部门加强能源调度；

3.注意防寒保暖和防风；

4.农林、畜牧等部门采取防霜冻、冰冻等防寒措施，做好预防冻害工作；

5.交通部门对道路采取防滑和除冰等措施保障道路畅通，电力、通信等部门对线路等设施采取除冰等措施保障电力供应和通信畅通，管道运输、自来水等部门对管道采取预防结冰的措施确保管道运输和自来水供应的安全；

6.高空等户外作业人员采取防冻防风措施。

（四）寒潮红色预警信号

图标：

标准：春季（3—4月）和秋季（10—11月），48小时内日平均气温将下降16℃以上或者已经下降14℃以上并可能持续。冬季（12—2月），48小时内日平均气温将下降12℃以上或者已经下降10℃以上并可能持续。

防御指南：

1.政府及有关部门启动抢险应急预案，做好防御寒潮的应急和抢险工作；

2.落实防寒保暖措施并做好防风工作；

3.电力、燃气部门加强能源调度；

4.农林、畜牧等部门采取防霜冻、冰冻等防寒措施，预防农作物、牲畜、家禽等遭受冻害，减少损失；

5.交通部门对道路采取防滑和除冰等措施确保道路畅通，电力、通信等部门对线路等设施采取除冰等措施确保电力供应和通信畅通，管道运输、自来水等部门对管道采取预防结冰的措施确保管道运输和自来水供应的安全；

6.暂停户外作业，减少不必要的户外活动。

｜荣经王岗坪｜

☀ 副高——"喜欢遛弯儿的气象魔法师"

成都信息工程大学　刘晨曦

关键词导读：副高　定义　气候影响

今天，我要带大家认识气象界一位声名显赫的"魔法师"。它就是副热带高压，也就是我们经常所说的"副高"。

这位"魔法师"呀，它轻轻一挥"魔法棒"，便能影响全国的晴雨分布。梅雨、伏旱、台风移动……都与它脱不了干系。

听起来很神秘，其实，副高的世界很简单，我们先来认识一下它。副高指的就是副热带地区的暖性高压系统，可以理解为一大团暖空气。其中最喜欢跑到我们国家来的，是西北太平洋副高，也就是我们今天的"主角"。它大多情况下是东西扁长形状的身材，其水平范围可达数千千米，生命期为3～10天甚至更长，是所有天气系统中最高大、寿命最长的天气系统，可谓是"高大魁梧"。

而副高的生活呢，也很简单，一句话概括就是"来去规律，三大绝技"。

这来去规律，指的就是副高的"常年作息"。我们这位"魔法师"十分"有讲究"。每年从冬到夏，它就由南向北慢慢地跑到我国陆地上"遛圈"。而溜达完之后，从夏到冬，又恋恋不舍地离开我国，"回家睡觉"。

而它这一溜达，就会大展身手，施展它的三大"绝技"。

这第一大"绝技"呀，就是把自己变成一个大蒸笼，它溜达到哪里，就把热空气扣在哪里，哪里就会出现持续晴热天气，高温少雨。如果恰逢我们这位"魔术师"精神比较旺盛，它所在的地区就会开启"烧烤模式""高烧不退"。比如每年七八月，它扣在了长江中下游地区，造成这些地方普遍出现干旱酷暑天气，个别地区气温高达45 ℃，这就是为什么武汉、南京到了夏天就被称为"火炉"。

而我们这位"魔法师"不仅会给所经地区带来高温，还会给它的北侧地区带来降水，这就是它的第二大"绝技"：摇身一变，变成"雨神"，"指挥"着我国夏季的雨带分布。副高从海面上过来，它携带了大量的水汽，与冷空气相遇后，就容易在其北侧形成降水。从每年三四月副高开始"拜访"，并逐渐北移，我国会陆续出现华南前汛期、江淮梅雨、华北雨季、东北雨季等，都与副高离不开关系。

而正是这两大"绝技"，造就了副高冰火两重天的景象，内部高温炙烤，外围大雨倾盆。

我们这位"魔法师"的第三大"绝技"，就是"指挥"台风的移动路径。影响我国的台风大多数都生成于副高的南边界处，并沿着副高的外边界移动。当副高强度稳定时，它"精神十足"，就能很好地控制其南侧的台风向西移动，并且路径稳定；如果副高强度不强，"精神"比较弱，台风移动到其西南侧时，副高就会招架不住，收缩回海面上，台风就有可能因此转而向北移动，影响我国的其他地区。可见，这台风的路径跟我们这位"魔法师"的精神劲头也有很大的关系。

以上就是副高的三大"绝技"。感谢大家跟我一起探索副高的神奇世界！

甘孜藏族自治州九龙县湾坝云海

☀ 呼风唤雨的"副高"

德阳市罗江区气象科普教育基地　王苏月

关键词导读：副高　形成　气候影响

随着夏季的来临，一位人气"网红"又将被预报员们频频提起，雨带的变化、高温的持续、台风的走向都与它密不可分，它就是副热带高压。

副热带高压的形成与太阳辐射和地球自转息息相关。在赤道地区，太阳辐射强烈，空气受热上升；到达高空后，在气压梯度力[①]的作用下向两极流动；在此期间，受地转偏向力[②]的影响，逐渐变成纬向气流；在南北纬30°附近聚集下沉，便形成了副热带高压。

注：① 由于气压分布不均匀而作用于单位质量空气上的力，其方向由高压指向低压。

② 一般指地球自转偏向力，即地球自转而使地球表面运动物体受到与其运动方向相垂直的力。

副热带高压本应该像"腰带"一样环绕地球，但由于海陆和地形差异的影响，分裂为若干个高压中心，更像是为地球戴上了"腰包"。其中，对我国影响最大的是西北太平洋上的高压中心。它是我国天气舞台上的

"多面手"，人称副高。在副高控制的范围内多晴热天气，而边缘地区则是以降雨为主。

它是雨带的"指挥棒"。副高西侧的偏南气流是水汽输送的重要通道，而其南侧的东风带则是热带降水系统活跃的地区。这么一来，我国雨季周而复始地循环，都可以看到副高"长情"的陪伴。华南前汛期、江淮梅雨、华北雨季、华西秋雨、西南雨季的到来都与副高有着密切的联系。

它是高温的"罪魁祸首"。副高内部盛行下沉气流，空气增温强烈，加上气压梯度小，风力微乎其微，使得副高控制的地区就像扣上了一个"大蒸笼"，里面的热气出不去，外面的冷气也进不来。如果恰巧遇到副高强盛且稳定少动，还会开启"火炉"模式，造成高温、干旱灾情。

它是台风的"导航仪"。影响我国的台风大多生成于西北太平洋，并且产生于副高的南缘，沿着副高的外围移动。如果副高强度偏强，台风会沿着副高南侧稳定西行；如果副高强度偏弱，台风将移至副高的西南侧，导致副高东退，台风转而向北移动；如果副高断裂，台风则会从中间穿过而北上。

副高会随着季节变化南北摆动、东西进退，影响我国沿海甚至内陆地区，随着它的位置、强度的不同，各地天气也将出现相应的变化。因此，如果要问夏季影响我国最重要的天气系统是什么，那么这能呼风唤雨的副高定然是当之无愧。

| 绵阳市安州区千佛云瀑 |

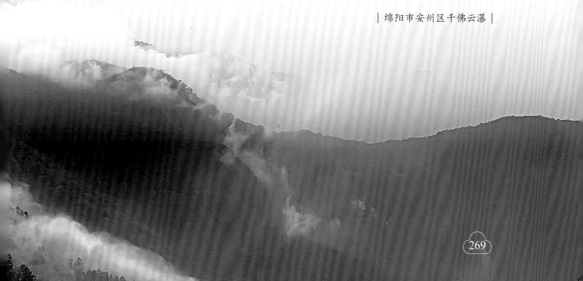

☀ 谁"偷走"了台风？

中国气象局气象干部培训学院四川分院　杨蜀都

关键词导读：七月空台　副高　精密监测

大家好，我是海上小霸王台风，体内有着深厚的上升气流，是一个近乎圆形的低气压系统。我的出生地是在西北太平洋或南海上空，喜欢沿着西北方向移动。我的出现让大家又爱又恨，人们常常想躲开我的狂风暴雨，时而又期待我来缓解高温干旱。

每年4月到10月我特别喜欢活动筋骨。在7月，我大约会现身4次，数十年间从未缺席。但是，在2020年7月，我却罕见地失约了，这可是自1949年有记录以来的第一次，甚至还入选了当年中国十大天气气候事件，史称"七月空台"。

为什么我没能如期而至呢？到底是何方神圣把我给"偷走"了呢？

这还得先从我的生长过程说起。小霸王我，本是热带、副热带洋面上大气的一个小小的扰动，因离赤道有些距离，而获得了一种名叫地转偏向力的神秘力量，开始逆时针扭动起"小蛮腰"，温暖潮湿洋面不断向我输送能量，在上、下风场的配合下，我越长越高大，也越转越快，终于从一个不起眼的扰动发展成为一个直径数百千米、上升气流从洋面高耸至十几千米的对流层顶的一方霸主。

但是，咱们可别忘了，在洋面上，还常年盘踞着"大魔王"副热带高压，小名副高。它虽然表面看起来文质彬彬，实际却是个非常深厚庞大的高气压系统。在它的地盘上盛行下沉气流。去年7月，正是因为它的异常蛮横，强度加大，范围扩张，压得我喘不过气来，每当我想要往上冲时，就会受到打压，身体几乎被死死地摁住，终因上升气流张力不足，无法冲出它的魔掌，而以失败告终。

　　虽然我失约了，但是气象部门似乎对我的命运早就有所预知。他们通过气象卫星、往返智能探空仪、海上漂流浮标、大型高空无人机等多种现代化探测技术对我的形成进行全方位立体式精密监测，以便进行由内及外的深度剖析，力求做出路径和强度的精准预报。在我无法自控带来狂风暴雨时，及时发出预警，筑牢第一道防线；又能在我温顺时，善用我的优点，造福于人类。我希望在未来大家继续念着我的好，积极防御我可能带来的灾害，科学防控，和谐相处。谢谢大家！

| 阿坝藏族羌族自治州汶川卧龙镇巴朗山云海 |

大气探测及观测仪器

☀ 天气预报的"秘密武器"——气象观测网

德阳市罗江区气象科普教育基地　左子锐

关键词导读：地面气象观测　高空气象观测

"小枫一夜偷天酒，却倩孤松掩醉容。"这是宋朝诗人杨万里的《秋山》，说的是幼年的枫树偷偷地喝了上天酿造的仙酒，便在醉意中染红了叶片。提到红叶，就不得不说咱们巴中光雾山的红叶了，每年的金秋十月，万山红遍，层林尽染，美不胜收。

毫无疑问，红叶的红和天气、气候有着密切的关系，那么问题来了，人们是如何解码千变万化的天气的？是不是有什么秘密武器来助力呢？答案是肯定的。它，就是交织在地球上庞大的气象观测网。

气象观测网主要由地面气象观测、高空气象观测和气象卫星探测组成，是用于测量和观察地球大气的物理和化学特性以及大气现象的综合系统。就好比医生诊断病人，需要大量关于病人的身体指标数据，以及类似X光片等这样的图片，气象综合观测系统就是帮助气象学家们干这些事的。

地面气象观测。顾名思义，它是布局于地球表面的监测网络，主要运用气象仪器对近地面的大气要素和现象进行观测。在我国，主要有国家气象观测场和区域气象站两种布局，观测点内安装专门的仪器来观测风、气压、温度、湿度、降水量、日照等各类气象要素的观测设备。2020年4月1日，我国的地面观测全面实现了自动化。

高空气象观测。它是中高层大气监测网络，这一网络有两大法宝，一是测风气球和无线电探空仪。气球搭载探空仪升空，在飞升过程中感应出周围空气的温度、气压、风向等气象要素，并通过无线电信号将数据传回地面；二是气象飞机和气象火箭，能到达一般探测仪器到达不了的空间和区域，并探测相关数据。

气象卫星探测。它是太空监测网络，利用在太空中的气象卫星，自上而下地对地球进行观测，在太空中不间断地监控、监测着地球，像一个不知疲惫的太空监视器，利用国际领先的观测设备，不断地观察着每一缕风和每一朵云。

截至 2020 年，气象部门综合气象观测形成了天地空一体化的综合立体气象观测体系，卫星、雷达等监测能力位居世界前列。现有地面气象观测站 7 万多个，216 部气象雷达组成了新一代天气雷达网，成功发射了 17 颗风云系列气象卫星，7 颗在轨运行，形成了全球最大的综合气象观测网，大量的数据模型和历史资料，为如今越来越准确的天气预报提供了最主要的支撑。

党的百年华诞之际，"十四五"开篇之时，气象事业正迎着新时代的春风，向着气象现代化的目标阔步前进！

| 四川省气象局雷达楼 |

☀ 气象计量——气象观测的先行者

四川省气象探测数据中心　郑吉林

关键词导读：气象观测设备　精密监测

　　量天地、衡公平。今天我讲解的主题是气象计量。提到计量，它与我们的生活息息相关，我们穿多大尺码的衣服、住多大面积的房屋，这都涉及计量标准，衣食住行样样离不开计量。如果生活中计量工具不准确，比如疫情期间的体温枪测温偏高或偏低，就会影响疫情防控。因此，保证观测设备的计量精准是关键。

　　同样，气象中也包含计量知识，以温、压、湿、风、雨量等观测要素的计量方式描述今日巴中市的部分天气情况。如何确保以上观测数据的计量是否精准呢？

　　这取决于观测设备的精密。通常，我们在观测场用HMP155温湿度传感器测气温和湿度；用风杯与风向标测风速和风向。相应地，我们利用不同气象要素独特的"计量神器"定期对观测设备进行检定，以此确保观测设备计量精确。比如，我们用水或酒精装在恒温槽中模拟不同温度条件；

用"大型风洞"制造不同级别的风。

　　了解计量神器后，我们再来谈谈计量检定的原则：国家气象计量站制定和把控每一个气象要素的计量标准，我们利用这个标准与观测设备进行量值对比，合格的设备继续使用，不合格的就需要计量校准或者更换。可以说，全国各地观测场的设备精度都是由国家气象计量标准溯源而来的。为了最大限度地保障观测设备的精密性，一般情况下，国家级气象观测站设备的强制检定时效为一年。

　　气象领域中有这样一句话："错误的观测数据比没有数据更可怕。"小误差，也可能酿成重大危害。我们夏天常见的高温预警信号发布和高温补贴发放的判断依据就是温度，但如果气温观测设备存在误差，测出的温度偏高或偏低，就会影响预警信号的判断，进而可能会危害户外劳动者的生命安全和保障权益。经常利用飞机出行的朋友可能会遇到由于天气原因造成的航班延误、备降或返航等情况，这是由于飞机起降对气象条件的瞬时性精度要求高，如果风速、风向等观测传感器出现误差，就会影响塔台或机组人员对飞机起降条件的判断，进而可能会造成飞行事故。

　　因此，为了保障气象观测设备测得准、量得细，为了更好地贯彻监测精密、预报精准、服务精细的理念，切实发挥好气象防灾减灾的首要作用，计量检定要先行。

| 坚守 | 甘孜藏族自治州气象局　供图 |

☀ 把脉风云——气象"大白"在行动

广元市气象局　胡壤支　李凡　　内江市气象局　王玉亭
关键词导读：大气探测　大气探空气球

近年有一个"暖男"代表，名叫大白，长得白白胖胖，是电影《超能陆战队》里面的一名充气医疗机器人，拥有强大的诊断能力，可以快速扫描检测出他人的生命指数，是病患可靠的守护者。

而在气象上也有这么一个可爱的"大白"，它呈球形，通体雪白，体态轻盈，也是个充气的大个子。它在升空的过程中可以获取从地面到几十千米高空的温度、气压、风等大气探空数据，是可靠的数据提供者。这么一位可爱的"大白"是谁呢？就是大气探空气球。

预报员分析的探空图就是"大白"所测得的数据。灵活性大，施放不受地域和气候因素等影响。3万米高空探天情，是人类研究平流层的重要工具。

拿出一个没有损坏的"大白"，充入适量的氢气，它就变成了一个高约2米、直径约1.5米的"小胖墩儿"，这个时候它就携带着大气参数测量装置、GPS（全球定位系统）定位装置以及供电能源开始干活了。放飞后，"大白"以6～8米/秒的升速升空。在升空过程中，雷达操作、跟踪与数据观测便会同时进行，此时我们的"大白"便化身医生，为大气"诊脉"，从低空到高空进行逐层"扫描"，把不同高度和经纬度的温度、湿度、气压、风向、风速等数据通过信号发回地面，从而使气象人员获得关键的气象要素值。

"大白"在不断上升的过程中，会变得越来越"胖"，达到3万米的高空之后就会破裂，而此时"大白"也就完成了使命并自由下落。大白1分钟能收集50组数据，这些对平常人来说犹如"天书"的数据，对于气象专业人士来说，却弥足珍贵。全世界各个国家和地区的气象工作者们在每日的 7 时 15 分和 19 时 15 分（北京时间）释放"大白"。为保持气象资料的可用性和连续性，一年 365 天，每天都不能中断，一次都不能错过。

"大白"能探测到整个地球表面到高空全方位三维立体的气象要素空间分布资料，完整地掌握最新时刻大气的运动过程及大气状态。探测的基本气象资料都要参与国内、国际气象资料交换。通过一系列复杂的科学方法演算与同化之后，这些数据就会同其他气象资料一同成为未来天气状况的预报依据。

目前，我国已建有 120 多个气象探空站，东部站点间隔 200～300 千米，西部站点间隔约 500 千米，基本与天气尺度的数值模式格点相匹配，不断发挥着为天气"诊脉"的作用。科技强国，气象万千。日月不肯迟，四时相催迫。让我们同"大白"一起坚守与探索，凝聚起加快建成气象强国的磅礴力量，汇聚成奋斗新时代的前进洪流，勠力同心、锐意进取，在服务国家发展进步和保障改善民生中注入气象风采、气象力量。

| 亚丁 | 罗振远　摄影 |

☀ 大气的超级"CT"

成都市气象局　蔡欣明　许晨　朱心悦
关键词导读：大气探测　无人机大气环境监测仪

住在 10 楼和 100 楼，你呼吸到的空气是一样的吗？大气内部，一直是一个神秘的地方。污染物有哪些？ $PM_{2.5}$ 有多少？大气不同高度的分布又是怎样呢？这些，都能激起人们的探索欲。

目前，大气环境观测数据大多来自于地面监测站网，观测高度有限，最多只能获取近地面的数据。再往上的天空呢？如果住在 100 层的房子里，空气质量又如何呢？

今天，我们用一种全新观测手段无限接近空气，给大气做超级"CT"，获取 1 千米高空的大气污染物垂直分布状况。

让我们一起来，走进大气。

姓名：无人机大气环境监测仪

主要任务：监测大气污染物垂直分布数据

工作高度：地面到 1 千米高空

观测精度：米级

工作时长：25 分钟

这次探测，是西南地区首次使用无人机飞向千米高空，探测大气污染垂直分布数据。

做超级"CT"需要哪些设备？又能获取哪些要素呢？

无人机上搭载的大气环境监测仪是整个观测试验的核心，它利用颗粒物传感器、电化学气体传感器获取 O_3、$PM_{2.5}$、PM_{10}、NO_2、SO_2、CO 六种主要大气污染物的浓度以及实时的气温、气压和相对湿度。

这个"CT"究竟怎么做？我们来开始试验。

第一步：地面组装、调试无人机，启动并检查无人机技术状态、GPS卫星信号，确认地形，获取地面和高空的风速风向，检查通过后，进入待飞状态。

第二步：获取空域审批和起飞命令后，启动无线遥控系统。按照2.5米/秒的速度起飞，升至离地相对高度1000米处，手动控制无人机在各个高度悬停、采样，像CT扫描一般，获取不同高度的观测数据。

不过，拿到这些数据后，我们要用来干什么呢？

答案是了解臭氧。大气污染物的垂直分布并不均匀，地面监测的浓度特征并不能代表整个空气内的分布特征。2019年8月17日，我们在飞行中发现：虽然近地面臭氧浓度较低，但在高空600～800米的地方，臭氧浓度却有显著升高。2019年，我们飞行了36次，涵盖了不同的天气背景和污染形势，以便全面了解臭氧垂直分布特征。

我们还可以分析臭氧的上下交换情况。高空污染物可通过大气垂直交换影响着人类生活的近地面。结合气象探空数据、地面气象观测数据和地面臭氧浓度观测数据，可以帮助预报员更为准确地分析边界层内的大气结构以及污染物的垂直交换和扩散。

当然，我们也可以预报臭氧浓度分布。无人机飞到高空，像做CT一般，从高空到地面把1千米大气切成上千层，从上到下测出每一层的污染物浓度和实时气象要素，一路收集大气环境垂直廓线数据。这些代表边界层大气环境特征的观测数据细致而清晰，能够弥补数值预报产品在边界层的不足，做出更为准确的环境预报产品。

未来，我们还可以结合地面气象站网、探空、雷达、卫星和特种飞机穿云观测等多种手段，为大气做立体、细致、准确的CT，无限了解大气、接近大气，为大气污染防治提供科学支撑。

|荥经王岗坪|

从"温"到"度"知冷暖

乐山市气象局　张飘予　张世妨
关键词导读：温度计原理　气象观测

在乐山流行着这样的一句话："今天天气真好，吃碗豆腐脑！"就连吃碗豆腐脑也要看看天气，可见天气和我们的生活息息相关！正是因为天气有冷有暖，才会让我们更期待秋天的第一杯奶茶和夏天的第一根冰棍。这就是专属于天气中的温度的魅力！

从物理学来讲，温度是指冷热的程度。冷热的概念自古就有，早在先秦时期，人们就会观察瓶中水的结冰和融化来判断环境的大概气温。那个时候，人们更多的是用寒、凉、温、热、烫来描述温差的范围，更多的是一种定性的描述。

当然，从对气温的定性认识到定量认识，不得不提的就是温度计了！

400多年前，意大利科学家伽利略发明了第一个空气温度计，也就是我手里拿的这个玻璃体。它是由玻璃管、含酒精的透明液体以及不同重量的小彩球组成。现在我们用热水来改变它的温度，大家猜猜看会发生什么呢？我们会看到当温度升高时，管内的液体受热膨胀，密度下降，浮力降低，这些彩球就会按重量大小依次沉下去；反过来，当温度降低的时候，管内液体浮力变大，彩球们又会依次浮起来。所以，我们可以根据彩球的上浮和下降，来判断温度的高低。不过，这种温度计依然没有一个准确的

数值，而且容易受到外界气压的影响，不是特别准确。

300 多年前，德国人华伦海特发明了最早的水银温度计，选择水银做感应物体是因为它的膨胀系数比较大，易于观察，所以也一直沿用到今天。我们都知道水在 0 ℃会结冰，100 ℃会沸腾。这个温度的数值，是怎么得来的呢？200 多年前，科学家摄尔修斯在水银温度计的基础上选取了标准大气压下水的冰点和沸点分别为 0 ℃和 100 ℃，把温度量化成了具体的数值，并拥有了它的姓名：摄氏度！

水银温度计在各行各业得到了长时间的广泛使用，包括从前气象站的百叶箱里摆放的温度表也是水银温度表。这只水银温度表伴随气象人长达数十年时间，到 21 世纪初观测场百叶箱里的温度表换上了新的面孔，它的感应部分由水银变成这样一个长条状的金属，它就是神秘的铂电阻温度传感器！

它通常采用的是 Pt100 电阻。大家看我手里这个不起眼的线圈，它的一头有一个金属条，里面就是由铂电阻丝烧制在细小的玻璃棒或磁板上，外面再套一个金属的保护管。它的测温原理就是根据金属铂的电阻值会随温度的升高而升高、随温度的降低而变小的线性变化，当温度处于 0 ℃的时候，其电阻值为 100 欧姆，温度每变化 1 ℃，其电阻值会变化 0.385 欧姆，再采用这一头的四芯屏蔽信号线从敏感元件引出用于测量温度。铂电阻测温结束了气象人用水银温度表人工测温的历史，是一场气象观测的变革。

从古人的感官测温，到现在我们用科学方法来测温，是一代又一代气象科学家们的心血。愿我们每个气象人都能拥有科学家精神，做好群众的"气温表"。

|峨眉山云海|

☀ 气象观测数据如何来到公众身边？

四川省气象探测数据中心　蒋雨荷

关键词导读：气温观测　气温数据传输

"成都市青羊区，气温 31 ℃，阴，湿度 89%，2 小时内有阵雨……"打开手机天气服务 APP，你会看到这些实时的气象数据与未来的天气预报，由此可以了解自己所处的环境，也能更科学合理地安排工作和生活。

但许多人不知道的是，这些气象观测数据从采集到抵达每个公众的手中，经历了怎样的一段旅途呢？下面，就请出气象家族中人气最高的一位代表——"气温小姐"，以她为例来展示气象观测数据的奇妙旅程。

气温的旅途最先从观测场开始。在我国 960 万平方千米的土地上，国家级观测站有 2423 个，区域自动站则超过 60000 个。在国家级观测站里，一般都会有一个面积 25 米×25 米大小的观测场，这里四周空旷、地势平坦，被涂着白漆的围栏围了一圈，里面种着不能超过 20 厘米高的均匀草层。

在观测场里，观测设备各自坚守岗位，负责"捕捉"大气环境中多种多样的气象要素和现象。以前，"气温小姐"诞生的温床是玻璃棒。现在，玻璃棒被铂电阻所代替，气温值可直接通过电路实时测量。值得庆贺的是，从 2020 年 4 月 1 日起，我国地面观测要素实现了全面自动化，这样一来测量气温便省事儿多了，也免去了人工读取数据的环节，准确率也明显提高。

气象家族的成员迎来了第一次的团聚——从户外观测场到值班室的业务电脑，传输工具也由以前的电缆变为现在的光纤，不但传输效率大大提高，错码率明显减小，防雷能力也提高了。

抵达的第一个目的地——地面综合观测业务平台，所有数据将要经过第一轮质量控制。对于异常的数据会被贴上"可疑"或者"错误"的标签，而非异常的数据则会来到省级数据中心。全省的气象成员将在此会合，经过 MDOS 系统的再一轮质量控制。同样的故事继续上演，合格的数据才能最终抵达国家气象信息中心。

国家气象信息中心的工作人员利用处理系统再次把它们整理、分类、入库，按需将打包处理好的数据推送给不同的用户。比如，很多与大家生活工作息息相关的数据会被送到气象台，经过可视化处理，成为数值产品的一部分，有些还会推送给"墨迹""彩云"等气象公司，经过可视化处理，最终出现在每个人手机服务的 APP 中。

几十年来，"气温小姐"从测场走到公众身边花费的时间越来越短，消耗的人力也越来越少，代表着气象科技的不断进步，气象工作者构建的蓝图也在一步步实现。

| 康定雷达站 | 甘孜藏族自治州气象局　供图 |

☀ 浴火重生的中华金乌——测风仪的进化

四川省气象服务中心　黄敏凯

关键词导读：测风仪

　　风是大家常见的一种现象。生活当中我们吹一口气、用纸扇风等，都可以使局部空气流动，让风产生。很多神话电视剧当中，相信大家看到过，"神仙"吹一口气，顿时天地色变。我们觉得非常夸张，但在现实当中，大风过境寸草不生的场景确实存在。

　　从古到今，风一直是人们生活中不可缺少的东西。你听，古代诗人苏轼，"我欲乘风归去，又恐琼楼玉宇，高处不胜寒。起舞弄清影，何似在人间"。再听汉高祖刘邦，"大风起兮云飞扬"。风在古代人的观念里就有一股洒脱、豪迈的情怀。

除了作为诗的素材，风在古代最重要的还是它的战略意义。好多朋友应该听过孔明借东风的故事。其实不管在哪个战火纷飞的年代，一场风或者其他的天气气象有时候就能决定一场战争的成败。

所以测风就成了兵家思考的问题。最早的时候古人使用的测风工具是一种候风旗，称为"旗"，这种最原始的测风仪虽然简单，但方便实用。到后来就是非常著名的测风仪器——相风铜乌。它的原理也非常简单，根据铜乌的运动速度和方向来采集此时风的信息，可能大家觉得没什么复杂的。欧洲的候风鸡在一些电影中都有出现，而这只欧洲金鸡要比中国的相风铜乌晚出现 1000 多年。

然而铜乌毕竟能力有限，在那个年代只能大致地测量风的方向和风速。随着时代的进步，现如今，中国的测风仪已经达到了一个非常顶尖的水平。

2020 年，中国的所有气象科技实现全自动化。金乌已化作凤凰，而当凤凰羽翼丰满之时，必将划破长空，势如破竹！

| 四人同云海 | 张世坊　摄影 |

☀ 测雨神器——双翻斗雨量传感器

广元市气象局　孙美玲　黄亚林　李莉
关键词导读：降水测量　双翻斗雨量传感器

　　天空中的降水时而毛毛细雨，时而大雨倾盆。那么，究竟怎样来衡量每一次降雨的大小呢？光靠肉眼的观察是不够的。接下来，我将化身为咱们气象上常用的测雨神器——双翻斗雨量传感器，给大家揭开这个谜底。

　　咯～，我就长这样，圆柱形的体型，身高约 70 厘米，头上顶着直径为 20 厘米的圆形承水器。去掉我神秘的外衣后，大家又会看到这样的一个我。可千万别被我这看似复杂的结构给吓到了，其实啊，我的工作原理

| 星空下的气象站 | 袁学方　摄影 |

很简单，只需"三传一计"。

第一"传"——收集雨水：当降雨来临时，我头顶的承水器就率先开始工作了，它将收集到的雨水通过漏斗输送给上翻斗，完成测雨第一"传"。

第二"传"——缓冲：当上翻斗内的雨水达到一定量时，不堪重负的它将产生一次翻转，从而雨水进入汇集漏斗。可千万别小看这汇集漏斗，当遇上强降雨时，它能起到很好的缓冲作用，从而减小测量误差。

第三"传"——定量：雨水一路往下，进入计量翻斗，它将准确地分配雨量，当雨量刚好达到 0.1 毫米时，它就会自动把这定量的雨水再次倾倒给它的"下家"——计数翻斗。

最后一"计"——计数：也是最关键的一个环节。此时，在雨水的重力作用下，计数翻斗将产生一次翻转。而与前面不同的是，这一翻转将产生一个开关信号，并发送到电脑终端，就这样，环环相扣，0.1 毫米的雨水被记录了下来。

好，我们再来回顾一下整个记录过程。

收集雨水；上翻斗翻转，雨水进入汇集漏斗；计量翻斗翻转；计数翻斗翻转，那么记录也就产生了。不断重复上面的过程，雨量就被累计了起来。

我每天都在户外等候雨水的来临，时刻记录着它们的变化情况。然而，有时调皮的昆虫、尘土、树叶等杂物也会不请自来，有时甚至还会导致我"生病"而不能正常工作。请不要为我担心，我的监护人——气象观测员会及时帮我清理杂物、排除故障，之后我又可以元气满满地站在测雨的岗位上了。

目前，仅在广元就有 281 个"小伙伴"每天都跟我做同样的事情。准确测量降水对于天气预报、气候分析以及洪涝、山体滑坡、泥石流等自然灾害的监测与预警均有着重要的意义。当你收到一条条雨情通报的时候，你会想起我吗？

气象卫星和天气雷达

☀ 遥望"天空之眼"

四川省气象服务中心　孙豪杰

关键词导读：风云气象卫星　遥感技术

2008年5月12日，在我国四川汶川地区发生了里氏8.0级特大地震。这是新中国成立以来破坏性最强、波及范围最广、救灾难度最大的一场地震。道路不通、通信中断、次生灾害频发、气象条件恶劣，前方情况一无所知。而此时，一张航空遥感影像图带来了生命的讯息、救援的希望。这张图，像一双"天空之眼"高挂太空，"遥望"大地，让决策者在第一时间做出最精准的救灾指令，这张图，就是遥感技术的结晶。

遥感就是让人类仿佛拥有了另一双无限感知地球的"天空之眼"。1858年，法国人首次搭乘热气球在巴黎上空进行空中摄影，从此掀起了给地球"自拍"的浪潮。遥感技术是根据电磁波理论，应用遥感平台、传感器、地面指挥系统，对远距离目标所辐射和反射的电磁波信息进行收集、处理，并最后成像，从而对地面各种景物进行探测和识别的一种综合性感测技术。

汶川地震后，党中央国务院高度重视，在最短时间做出抢险救灾的重大决策。当时，通过这双"天空之眼"发现了一场极其危险的次生灾害将要发生：距离震中只有80千米的北川唐家山，已经形成一座库容超过1.45亿立方米的堰塞湖，河水被阻，水位不断上升，下游的130多万群众的生命财产安全受到严重威胁，情况非常紧急、异常危险。

　　时间就是生命，通过遥感技术中的多源性、多分辨率遥感信息和国内外遥感信息数据共享应用体系，卫星通信、导航定位技术的直接支持为唐家山堰塞湖的灾情做出了快速评估与灾情决策，为灾区及时转移、保护人民群众的生命财产安全赢得了宝贵的时间。

　　10 年光阴，涅槃重生，2019 年是汶川地震 11 周年，随着"高分专项工程"的启动，遥感技术全面发展，对灾区重建、移民搬迁、规划、生态环境的恢复与改善做出了有效决策，汶川灾区重建工作取得了举世瞩目的成就。

　　这是一个"智慧"升级的时代，国家发展战略需要遥感提供智慧的力量。我国风云气象卫星作为"天空之眼"中的重要成员，已成功发射 17 颗，目前有 8 颗在轨运行，对国家生态文明建设、科学防灾减灾提供着有力的数据支撑。

　　天空之眼，众星云集，随着航空航天技术的迅猛发展，卫星遥感已经带领人类进入了对地观测的新时代，这是一个智慧的时代，更是科技的时代。

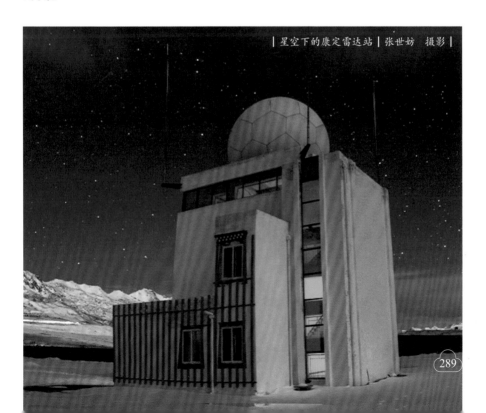

| 星空下的康定雷达站 | 张世妨　摄影 |

☀ 高分卫星——直击灾情的"鹰眼"

遂宁市气象局　苟文郁

关键词导读：高分 3 号卫星　观测产品　应用领域

相信说起 2020 年夏天，洪涝成了我国南方的一个关键词。时间回到 2020 年 7 月 9 日，受到多日强降水影响，长江水位上涨后倒灌至鄱阳湖，使得整个鄱阳湖水系发生洪灾。然而，由于灾区上空覆盖着厚厚的云层，普通的卫星都无法获取地表遥感图片。此时，我们的"主角"登场了。高分 3 号卫星有一双可以拨开云层的"手"，透过层层积云，为灾区拍摄下了图片，第一时间推送给应急、水利、气象等部门。在它的指引下，我们清晰地看到受灾范围，迅速找到决堤口的位置。

高分 3 号为什么会有穿云透雨的本领呢？因为它是一颗合成孔径雷达（SAR）卫星，这种卫星主动发射无线电脉冲，触碰目标，再通过地面反射回的脉冲得到结果，形成图像。这和蝙蝠在夜间用超声波辨别物体的原理相似。所以不管白天黑夜、晴空雷雨，都可以对地面拍摄，是个随叫随到的地球摄影师。

　　这颗高分 3 号卫星"来头可不小"：它来自我国 2010 年启动实施的高分专项工程，该工程共由 12 颗已在轨的卫星组成，分别编号为高分 1 号到高分 12 号，算得上是一个"硬核豪门大家族"了。高分家族共同的特点就是能够高空间、高时间、高光谱分辨率地对地球进行观测，但每个卫星个个都"身怀绝技"。例如，高分 4 号卫星主要应用于防灾减灾、林业、气象领域，在 2018 年台风"山竹"的监测中，把对台风的定位精度从千米级提高到百米级。再例如，高分 5 号卫星，它是一颗环境卫星，雾/霾、臭氧、二氧化氮等大气污染物的轨迹都逃不过它的"千里眼"。

　　也许你们会好奇，高分系列卫星和我们熟知的风云气象卫星到底有什么不同呢？简单来说，风云气象卫星主要是对云的观测，图像应用于天气监测和预报中，而高分系列卫星不仅可以仰望苍穹，更可以俯瞰大地。它的空间分辨率最高可达到 0.8 米，是个十分"接地气"的项目呢。高分产品已遍及了国防安全、国土测绘等传统行业，目前还大量应用在智慧城市、智慧农业等新业态中。它还为俄罗斯森林火灾等国际救灾项目提供了有力的技术帮助，受到多国的点赞。

　　高分卫星的飞速发展就是我们国家在建设科技强国道路上的缩影。现在，我们可以把丈量大地、守护华夏的任务交给我们"太空中的鹰眼"，更加自信地为气象事业添砖加瓦。

|光雾山景区|巴中市气象局　供图|

☀ 太空中的天气瞭望者——气象卫星

四川省农业气象中心　王鑫
关键词导读：气象卫星　卫星观测资料　应用

人类是如何居高临下观察地球的？大家都知道是借助卫星。

那什么是气象卫星呢？气象卫星就是人们对大气层进行气象观测的人造卫星。与很多卫星不同的是，气象卫星看的不只是地球表面，它还能观测地球大气中的温度、降水、云等气象要素，监测与人类生产和生活密切相关的天气与气候现象。

人类为什么要发射气象卫星呢？地面气象观测站主要分布在陆地区域，高山、沙漠和海洋上的观测站则很少。1960年美国成功发射了第一颗试验气象卫星，实现了人类从太空"居高临下"观测地球大气的梦想。1969年在周恩来总理的指示下，我国开启了风云气象卫星的研制历程。

"拳有南北"，风云气象卫星家族也分两大派：极轨派和静止派。何谓极轨派？卫星与太阳同步，绕地球南北两极运动，距离地球约800千米，如同太空中的一个流动气象观测站。所谓静止派，顾名思义，卫星相对地球静止，离地面约35800千米，像太空中的一个固定气象观测站。

我们要怎样驱使气象卫星按计划行动，"不任性乱跑"，需要看地球的时候不分散注意力去看星星、月亮，还要保证它不会没电停下来？这就需要在气象卫星上安装各种相应的设备，包括各类观测仪器、通信系统、能源系统和遥控遥测系统。

隔了那么远，地面是如何收到气象卫星的观测资料的呢？将卫星观测数据转换成无线电信号，通过卫星发射机和天线发往地面观测站。目前我国有5个国家级的气象卫星地面接收站，分布在北京、广州、乌鲁木齐、佳木斯和瑞典的北极地区。这样，无论卫星走到哪里，卫星观测资料都可以通过通信线路汇集到北京。

　　气象卫星的使用有两种方式：一是看云气象，用于制作天气预报，如预报暴雨、台风；二是看地表，用于灾害预警、环境污染监测、农作物长势监测、干旱监测、产量预估等多方面、多领域。

　　改革开放 40 多年来，我国气象卫星事业得到了飞速发展，从 1988 年我国第一颗气象卫星"风云 1 号"A 星升空，到 2016 年成功发射"风云 4 号"A 星，多项气象科技领跑国际。浩瀚苍穹见证了我国气象卫星事业从无到有、从弱到强的不平凡历程。目前我国累计发射了 17 颗风云气象卫星，8 颗在轨运行，成为与欧美三足鼎立的气象卫星强国。30 多年来，风云卫星这个大家族前赴后继，在太空中守望我们的家园，成为全球气象观测系统中的重要组成部分，为全球防灾减灾做出了重要贡献，在我们生活的蓝色星球外续写着中国气象事业的宏伟篇章。

| 内江市威远县骑龙坳云雾 |

☀ "快乐星球"的风云秘密

南充市气象局　文川东

关键词导读：风云气象卫星　精密监测

什么是快乐星球？如果你想知道什么是快乐星球，我现在就带你研究；如果你真的想好好研究我们这颗快乐星球，光在地上搜寻是远远不够的，不妨上到太空来揭开快乐星球的风云秘密。

2020年8月16日，一张四川乐山大佛"洗脚图"刷爆了朋友圈。四川盆地西部出现了大到暴雨，局地特大暴雨，6小时的降水量就达130毫

|峨眉山宝光|

米，是四川有记录以来首次启动一级防汛应急响应。正在大家惴惴不安的时候，有一群"年轻人"挺身而出，它准确地提供了四川盆地上空的红外云图，成功地预测了降雨范围及影响时长，在它的帮助下，人们提前做好应对措施，将洪涝灾害带来的损失降到最低，保卫了人民生命和财产安全。

大家是不是都很好奇这群"年轻人"是谁？小小年纪竟然有如此强大的本领？它们便是大名鼎鼎、威震江湖的"风云家族"。

调阅"风云家族"的档案，不难发现，家族里有两大"门派"：根据轨道高度的不同分为"极轨派"和"静止派"。极轨卫星喜欢巡游江湖，在距离地面800千米左右的轨道上绕着南北两极转圈，每天对全球进行两次扫描，能够观测地球两极的气候变化；而静止卫星，喜欢定点在35800千米的高空与地球自转同步奔跑，白天黑夜不停歇，妥妥的"007"工作制，时刻守护着我国及亚太地区的风云变幻。

不仅如此，"风云家族"里的成员各个"内功深厚""武功高强"。就拿目前世界上最先进的风云4号来说，虽然有着5.4吨的体重，是风云兄弟中最"胖"的一个，但动作却很轻盈，仅5分钟就能完成对中国区域的扫描；它搭载的干涉式大气垂直探测仪，如同CT扫描一样，高精准地描绘大气结构及温度变化，观测效率比原来提高了近18倍。

说了这么多，"风云家族"在我们生活中又有哪些应用呢？首先，风云卫星精准的探测极大地提高了预报准确率和精细化水平，此外，它还被用于对灾害性天气的监测和预警，2018年大兴安岭森林火灾，2019年台风"利奇马"的登陆，2020年长江中下游的洪涝灾害，这些都没能逃过风云卫星的"法眼"。它既能监测现场情况，也能预见临近的未来，为防灾减灾提供及时有效的决策支撑。

科技强国，气象先行。2021年，"风云家族"又将增添风云4号B星和风云3号E星两位新成员，它们将共同携手开启风云卫星国际服务的新纪元，为构建人类命运共同体做出一份"星"贡献！仰望天空，早已是星辰大海，展望未来，风云必将扬帆远航。

☀ 浩瀚苍穹，风云守望

德阳市罗江区气象科普教育基地　左子锐　陈鑫洋
关键词导读：风云系列气象卫星　全球气象观测系统

朋友们有没有记得这样一张图，没错，它就是 2017 年 9 月 25 日微信新启动画面。和以往的启动画面相比，仍然是那个孤独的小人，但是地球的照片由 1972 年的阿波罗 17 号宇航员拍摄的地球图"蓝色弹珠"，变成了 2017 年风云 4 号 A 星拍摄的高清东半球云图。这张图也成了全世界关注的焦点。

风云 4 号卫星作为时下最为强劲的苍穹之眼，除了拥有 15 分钟地球圆盘、5 分钟中国区域、1 分钟台风或强对流天气区域观测能力，更是在以下四点国际领先：①多通道成像辐射计，能在约 36000 千米外"明察秋毫"，看清地表和云层的细微变化。②干涉式垂直探测仪，像 CT 切片一样，把大气在垂直方向上切层，获得每一层的温度和湿度等数据。③空间天气仪器包，可监测太阳活动和空间数据，24 小时不间断地"监控"着地球。④闪电成像仪，它每秒能拍 500 张照片，可轻松抓拍闪电，并探测其相关的频次和强度。

风云 4 号卫星是我国静止轨道气象卫星观测系统的更新换代，也是科研人员 15 年来不懈努力下的突破。当我们回首往昔，是浩瀚苍穹见证了我国气象卫星事业从最初的艰难起步，到如今的光耀寰宇。

1988 年，我国成功发射第一颗气象卫星风云 1 号，实现了气象卫星"从零到一"的突破。1997 年，风云 2 号 A 星成功发射，标志着我国成为世界上少数几个同时拥有极轨气象卫星和静止气象卫星的国家之一。2008 年，我国又成功发射了第二代极轨气象卫星风云 3 号 A 星，在国内首次实现了从紫外、可见光、红外到微波探测的多载荷、多光谱、定量综合对地观测，观测能力达到国际先进水平。2016 年，我们再一次成功发射了风云

4号A星，这一次我们多项气象科技领先国际水平。

　　截至2020年8月，我国已累计发射17颗风云气象卫星，其中有8颗仍在太空中坚守使命，织就了"多星在轨、组网观测、统筹运行、互为备份、适时加密"的监测"天网"，已向全球100多个国家和地区的2600多个用户提供风云气象资料，成为全球气象观测系统中的重要组成部分，为全球防灾减灾做出了重要贡献。最为可喜的是，2020年，我国风云气象卫星迎来重要发射期。风云卫星可观测更广的区域，为"一带一路"和全球国家地区提供更优质的气象服务。

　　毫无疑问，未来很长一段时间，风云系列气象卫星都将在这浩瀚苍穹中前赴后继，守望这颗蓝色星球，人类的家园。

| 高空俯瞰魅力新遂宁 | 钟敏　摄影 |

☀ 太空中的"火眼金睛"

四川省气象灾害防御技术中心　冯晓　李晓敏　魏挪薇
关键词导读：风云 4 号卫星　精密监测

2017 年 9 月 25 日，微信更换启动背景的新闻刷爆了朋友圈。之前是一台哈苏相机拍摄的完整地球照片，更换后的从中国上空拍摄的地球全貌则出自"国产摄影师"风云 4 号之手。

风云 4 号是谁呢？它是我国新一代静止轨道气象卫星，被称作世界上最先进水平的气象卫星。它带着 5.4 吨的身躯"站"在约 36000 千米高度的赤道上空，像守卫者一样 24 小时监测地球动态。别看它这么胖，干起活来可丝毫不马虎。5 分钟就能完成一次对中国地区的扫描，给地球"咔嚓"拍一张"证件照"也只需要 15 分钟，十足一个"灵活的胖子"。

它站得那么高，到底能看清楚什么呢？就算是千里眼，也只能看到个模糊的影子吧？要不怎么说人家是"火眼金睛"呢！地球上的任何风吹草动，哪怕湖面温度悄悄地变化了 0.1 ℃，它都能精准抓住！下面我就给各位说道说道，这双太空中的眼睛到底有"多牛"。

风云 4 号卫星有 3 个了不起的武器。第一个是多通道扫描成像辐射计。如果说咱们生活中看到的白色是由赤橙黄绿青蓝紫七色组合而来，那么风云 4 号卫星就是把可见光到长波红外的信息分为了 14 个层次，再组合为我们最终看到的地球风云。因此，不管是电闪雷鸣，还是狂风暴雨，它都可以从 14 个不同的通道进行监视，及时发出预警。作为全球首个搭载干涉式大气垂直探测仪的卫星，风云 4 号能将大气分层再做个"立体 CT"，大气想搞点什么小动作都能被它一眼"看穿"。当闪电发生时，闪电成像仪就可以大显身手了。它每秒钟能拍 500 张照片呢，大家别眨眼啊，在你眨眼的 0.2 秒里，100 张照片已经拍完啦！

看过了秘密武器，我们再通过它的卫星云图回顾几个 2018 年的气象大事件。2018 年 2 月 18 日，海南大雾，很多本来去度假的朋友被堵在路上，哪都去不了，"整惨了！"

2018 年 7 月 22 日，台风"安比"在上海登陆，之后一路北上。7 月 23 日，河北、天津相继发布台风预警，北京也迎来了台风暴雨。截至 8 月 17 日，华东地区已经接连遭受了台风"四连击"，而广东人民并没有因此躲过 9 月 18 日的台风"山竹"，还要在第二天坚强地穿越丛林去上班。

你看，雨和雪、雾和霾、台风和沙尘、火灾和洪涝，这些大自然带来的灾害都能被风云 4 号卫星这双了不起的"火眼金睛"尽收眼底。除此之外，风云 4 号卫星的资料还将被运用在天气预报、气候变化、生态环境监测等各项领域，将它的守护进行到底。

风云 4 号卫星踏出的第一步只是成功的开始，在我们的不断努力之下，我国气象卫星事业将走得更远、更好，让我们拭目以待！

☀ 探秘"超级千里眼"

南充市气象局　张晓沫
关键词导读：多普勒天气雷达　工作原理

你有没有注意到这样一个现象，一辆车迎面向我们驶来时，听到的声音越来越尖锐，而它离去时声音却越来越低沉。这其实是物理学中一个很重要的理论——多普勒效应，即：当接收者与能量源处于相对运动状态时，能量到达接收者时频率的变化。这个理论听起来很抽象，但事实上它在我们生活中的应用非常广泛，医疗超声、移动通信等，并且气象领域也基于这一理论研发了多普勒天气雷达。它探测范围广，空间分辨率高，被称为"超级千里眼"。那么，多普勒天气雷达是如何实现空中千里眼的超能力呢？要想搞清楚这其中的原理，咱们要从两个方面入手。

第一，组成。多普勒天气雷达主要由三部分构成：采集系统、生成系统和用户终端。了解完这个之后，我们来看第二个方面。

第二，工作原理。当雷达启动后，采集系统的发射机向大气层发射电磁波，电磁波在前进过程中，与云和降水粒子相遇，云和降水粒子对电磁波产生散射作用，而返回到接收系统的电磁波，产生基本数据产品，并由生成系统转化为雷达回波产品显示在用户终端上。没错，这个过程听上去很复杂，接下来我用另一种方式演示就很好理解了。如果把我们的身体看作多普勒天气雷达，眼睛是采集系统，大脑是生成系统，嘴巴是用户终端，为了更加直观，用光束表示电磁波。当眼睛看向一个方向时，会有很多物体进入视线，但只有较为明显的物体会被锁定到眼中，进而物体的信息被反馈到大脑，信息经过整理之后，通过语言描述并传递出去了。这个过程与多普勒天气雷达的工作原理是一样的。也就是说，多普勒天气雷达就是通过云和降水粒子对电磁波的后向散射，所接收到的电磁波信号转化为雷达回波产品。那么这里面涵盖了哪些信息呢？通过这些产品可以判断降水的性质，是雷雨还是阵雨，是降雹还是降雨等；可以判断降水的强度；可以判断对流云团大致的移动速度和方向；也可以推断风速和风向等。

　　总的来讲，多普勒天气雷达相较于传统气象雷达信息准确度更高、时效性更强、产品更丰富，是预报员监测强对流天气强有力的"战友"，近年来在一次次气象防灾减灾战役中立下了赫赫战功。

　　科技是"国之利器"，它助推气象技术装备迅猛升级，现代气象将紧盯建设气象强国的目标，立足实现更高水平气象现代化。而我与千千万万的气象人，一定不辱使命，做好新时代的天空守望者。

|雅安新一代天气雷达|袁丁　摄影|

☀ "出门神器"——天气雷达回波图

成都市气象局　康雪
关键词导读：天气雷达　雷达回波图信息

夏季暴雨频发，秋季阴雨绵绵，下雨总会成为我们出门的"拦路虎"。有没有什么办法可以让我们从容应对降水天气的侵袭呢？有！那就是拥有这款"出门神器"——天气雷达回波图。

天气雷达是一种重要的气象探测设备，俗称"千里眼"。它可以24小时不间断地监测各种天气，尤其擅长捕捉强降水、冰雹、雷雨、大风等小尺度强天气过程。

天气雷达发射的电磁波，在碰到空中的降水粒子等气象目标物后，部分电磁波会向雷达天线方向发生散射，当雷达接收到散射回来的电磁波，经过对其一系列分析处理，就形成雷达回波图了！

这些看起来"花花绿绿"的图片，怎么就能成为大家的"出门神器"呢？接下来，教你3个小招，就能知道短时间内你家会不会下雨，会下多大雨了！

第一招：辨颜色。

不同的回波颜色对应着不同的降水强度。颜色从蓝色到紫色，降水强

度是逐渐增强的。蓝色回波代表该地正在被云系笼罩或是有毛毛雨，绿色回波一般是小雨，黄色代表中雨，橙色到红色是大雨、有时候甚至是暴雨，如果出现深红到紫色，可要注意了，该地除了强降水外，还可能会遭遇冰雹的袭击！

第二招：看形状。

通常，如果出现这样大面积、成片状分布的回波，就代表降水持续时间会比较长。如果回波是呈离散的块状分布，就代表降水持续时间会比较短；如果同时回波颜色偏红偏紫的话，就要关注该区域可能会出现局地强对流天气啦！

第三招：看动图。

结合雷达回波的多时次动态图，可以判断降水的移动方向以及未来发展趋势。这是成都 2020 年 8 月 10 日 20—22 时的一次强降水天气过程。可以看到，回波是朝着成都的西北方向，也就是都江堰—彭州一带地区移动的，回波强度随着时间推移还有增强的趋势。所以，当你看到回波离自己所在地越来越近、越来越强时，就要准备采取相应的防范措施啦。

怎么样，三招你学会了吗？出门前看看雷达回波图，你也可以成为业余天气预报员！当然，雷达回波图所蕴含的信息还有很多，它不仅是大家的"出门神器"，更是气象部门用于监测和预警灾害性天气的重要工具。希望大家能够和我们一起，关注阴晴冷暖，了解气象变化，你的生活和出行一定会因此变得更加美好！

| 内江市威远县骑龙坳云雾 | 宜宾市气象局　供图 |

☀ 它在等雨也等你

四川省气象探测数据中心　李雪松
关键词导读：新一代天气雷达　探测数据与产品

我有一个在工作上和我奋战多年的"兄弟"，今天介绍它跟大家认识一下。

它的名字叫"新一代天气雷达"。

它和我们人类有点不一样，它只有一个嘴巴、一只耳朵和一个大脑。嘴巴就是发射器，负责发射电磁波。耳朵就是接收器，负责接收电磁波。它在每一个既定的时间发出电磁波，遇到障碍物时将电磁波返回，由接收器接收，通过回波绘制图形。

我们来做一个实验：我是发射器，乒乓球是电磁波，黑板是云，也就是被探测物。我把乒乓球扔出去，遇到黑板后反弹回到我的手上，当我接到乒乓球的那一刻，我们测量乒乓球的全部状态，包括速度、自旋方向、出去时和回来时的温差、球体表面有没有凹凸不平甚至清点有没有球出去了没有回来等，通过一系列测量数据来判断和推测被测量物的状态。到此实验结束。

回到雷达本身的探测来讲，当接收机接收到数据之后，就得到3个基本数据：反射率、速度和谱宽，就拿测量反射率为例。

打个比方：我们现在从雷达发射一定功率的信号到高空的时候，有一部分散射掉了，有一部分投射到后方，还有一部分反射回来，此时反射回来的数据被接收机接收到。反射回来的比例越大，云层会越厚，反射率就越大，降水就会越多。当然在气象探测上还有更加专业的公式计算。其他两个基本要素是一个道理。

这是2018年成都"7·11"特大级别暴雨当天的雷达回波图，左边这

张是云告诉雷达的秘密，右边这张是降水图（图略）。所以，当我们看到图上有熟悉的"番茄炒鸡蛋色"的时候，暴雨就要来了。

有时候我觉得还是有点神奇，我们绞尽脑汁要得到的数据，雷达在 1 秒钟就得到成千上万个。雷达的产品对我们很有用，我们需要了解它，和它交朋友。

| 宜宾市气象站航拍图 | 宜宾市气象局　供图 |

2018年，四川省科普作家协会理事长董仁威做专家点评

2018年，四川省气象科普讲解大赛选手与评委合影

2019年，四川省气象科普讲解大赛十佳获奖选手合影

2019年，来自中国气象局气象宣传与科普中心、成都信息工程大学、四川省科协等部门的评委们认真听取选手的讲解

2020年，四川省气象科普讲解大赛启动

2021年，四川省气象科普讲解大赛启动

选手张晓沫参加2018年全国气象科普讲解大赛获优秀奖

2018年，四川省气象局参加四川省科普讲解大赛，2位选手获得一等奖

2018年，四川省气象局参加四川省科普讲解大赛，获优秀组织奖

2019年，四川省气象局参加四川科普讲解大赛，3位选手获得一等奖

选手张晓沫参加2019年全国科普讲解大赛获三等奖

选手张晓沫参加2019年全国气象科普讲解大赛获一等奖

选手王馨参加2019年四川省科普讲解大赛获一等奖

选手罗倩参加2019年四川省科普讲解大赛获二等奖

选手文川东参加2019年四川省科普讲解大赛获一等奖

2019年，四川省气象局参加四川省科普讲解大赛，获优秀组织奖

2018 年，选手郭梁正在讲解

2018 年，选手孙豪杰正在讲解

2019 年，选手郭银尧正在讲解

2019 年，选手黄敏凯正在讲解

2019 年，选手苏海芮正在讲解

2019 年，选手王珊正在讲解

选手张晓沫参加 2019 年全国科普
讲解大赛

2020 年，选手李思谊正在讲解

2020 年，选手左子锐正在讲解

2020 年，选手苟文郁正在讲解

2020 年，选手王鑫正在讲解

2021 年，选手陈静怡正在讲解

2021 年，选手康雪正在讲解

2021 年，选手陈蕾正在讲解

2021 年，选手李雪松正在讲解

2021 年，选手马申佳正在讲解

2021 年，选手朱君正在讲解

2021 年，选手赵洁正在讲解

2021 年，选手刘译壕正在讲解